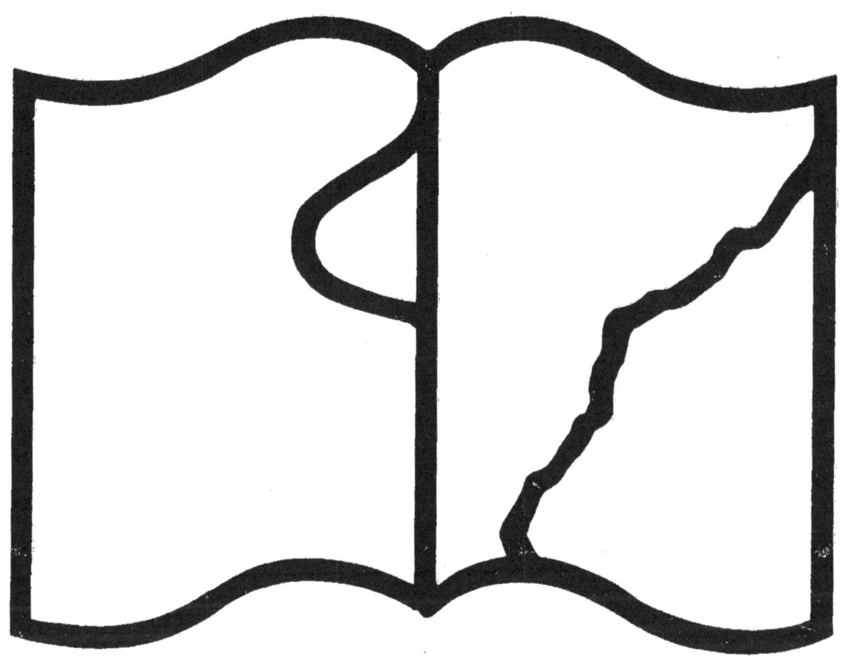

Contraste insuffisant

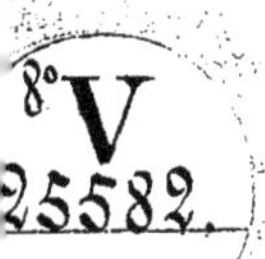

BIBLIOTHÈQUE PHOTOGRAPHIQUE.

LES

LUMIÈRES ARTIFICIELLES EN PHOTOGRAPHIE.

ÉTUDE MÉTHODIQUE ET PRATIQUE
DES
DIFFÉRENTES SOURCES ARTIFICIELLES DE LUMIÈRE,
SUIVIE DE
RECHERCHES INÉDITES SUR LA PUISSANCE DES PHOTOPOUDRES
ET DES LAMPES AU MAGNÉSIUM.

PAR M. H. FOURTIER.

PARIS,
GAUTHIER-VILLARS ET FILS, IMPRIMEURS-LIBRAIRES,
ÉDITEURS DE LA BIBLIOTHÈQUE PHOTOGRAPHIQUE,
Quai des Grands-Augustins, 55.

1895

LES

LUMIÈRES ARTIFICIELLES

EN PHOTOGRAPHIE.

PARIS. — IMPRIMERIE GAUTHIER-VILLARS ET FILS,
Quai des Grands-Augustins, 55.

Phototype Brichaut. Photocollographie J. Royer, Nancy.

UN INTÉRIEUR AU MAGNÉSIUM.

UN INTÉRIEUR AU MAGNÉSIUM.

Réduction d'un phototype 18 × 24 de M. Brichaut. Objectif spécial court foyer de M. Brichaut.

$D = \frac{f}{24}$. 10gr de poudre Brichaut.

Frontispice.

BIBLIOTHÈQUE PHOTOGRAPHIQUE.

LES

LUMIÈRES ARTIFICIELLES

EN PHOTOGRAPHIE.

ÉTUDE MÉTHODIQUE ET PRATIQUE

DES

DIFFÉRENTES SOURCES ARTIFICIELLES DE LUMIÈRE,

SUIVIE DE

RECHERCHES INÉDITES SUR LA PUISSANCE DES PHOTOPOUDRES

ET DES LAMPES AU MAGNÉSIUM.

PAR M. H. FOURTIER.

PARIS,

GAUTHIER-VILLARS ET FILS, IMPRIMEURS-LIBRAIRES

ÉDITEURS DE LA BIBLIOTHÈQUE PHOTOGRAPHIQUE

Quai des Grands-Augustins, 55.

1895

PRÉFACE.

L'étude des lumières artificielles, commencée dès les débuts de la Photographie, a été, dans ces dernières années, l'objet de nombreuses recherches : la production à bas prix du magnésium a surtout donné un essor très grand à ce qu'on a appelé la Photographie nocturne, ne visant en cela qu'une des applications des lumières artificielles.

Nous avons voulu, dans ce Livre, étudier au complet cette question, et dans la première Partie nous nous sommes efforcé de faire l'exact exposé historique et pratique des diverses sources de lumières artificielles successivement proposées.

Il ne s'agissait pas seulement, à notre avis, de présenter au lecteur l'état des travaux exécutés, mais il nous a paru utile de les discuter, montrer le fort et le faible de chacun des éclairages, ne pas craindre même de signaler des tentatives non couronnées de succès, ne serait-ce que pour éviter au chercheur de se lancer dans une voie déjà parcourue et que l'expérience a démontrée sans issue.

Nous avons cru devoir surtout nous appesantir sur le magnésium qui, à l'heure actuelle, donne les meilleurs résultats pratiques, et nous avons cherché à établir le parti qu'on pouvait tirer des deux méthodes principales d'emploi de ce métal, les photopoudres et les lampes à insufflation.

Deux Chapitres consacrés, l'un à la pratique des éclairs au magnésium, l'autre à la technique du développement, terminent cette première Partie.

La seconde Partie est consacrée à l'étude théorique et pratique du magnésium et de l'aluminium. Nous donnons là les résultats de nos études personnelles. A l'étranger déjà, Eder et Glosenapp avaient fait des recherches sur cet objet; nous les avons reprises sur de nouvelles bases. Nous avons voulu chercher à préciser les valeurs absolues des différents photopoudres, comparer l'aluminium et le magnésium, puisque, en ces derniers temps, le premier a été présenté comme succédané du second. Il s'agissait, d'autre part, de traduire en lois précises les conditions d'emploi de ces photopoudres, voir l'influence du poids de la charge sur l'intensité de la flamme, l'action des principaux corps ajoutés au métal pour activer sa combustion, etc.

Ces recherches ont été longues, difficiles, et nous tenons à remercier ici M. Houdaille qui, en nous facilitant l'emploi de sa méthode de mesure et en nous soutenant de ses conseils, nous a permis de mener à bien notre travail; M. Londe qui a bien voulu nous confier les clichés que depuis plusieurs années il faisait en vue d'une étude sur le magnésium, enfin MM. Tourenne et Hubert qui nous ont aidé avec un grand dévouement dans les multiples et délicates opérations de laboratoire nécessitées pour ce travail.

Grâce à l'extrême obligeance de MM. Nadar, Vallot et Brichaut, qui ont bien voulu mettre à notre disposition leurs très intéressants clichés, nous avons pu montrer au lecteur les diverses applications de la Photographie aux lumières artificielles et faire ressortir les résultats qu'on en pouvait attendre : que ces Messieurs trouvent ici l'expression de notre gratitude pour leur aimable empressement à nous venir en aide.

Nous espérons que ces études, absolument inédites, pourront être de quelque utilité aux chercheurs et apporteront leur contingent à l'œuvre commune du progrès de la Photographie.

H. F.

LES

LUMIÈRES ARTIFICIELLES

EN PHOTOGRAPHIE.

PREMIÈRE PARTIE.

ÉTUDE GÉNÉRALE SUR LES LUMIÈRES ARTIFICIELLES.

CHAPITRE I.

LES LUMIÈRES ARTIFICIELLES.

SOMMAIRE : Nécessité des lumières artificielles. — Historique de la question. — Conditions des lumières artificielles. — Les trois modes de la lumière. — Intensités des lumières artificielles.

Nécessité des lumières artificielles. — La Photographie venait de naître et avait à peine formulé ses grandes règles générales, que déjà l'esprit des chercheurs se portait sur la solution d'un problème de grand intérêt : trouver le moyen de s'affranchir du concours du soleil. C'est que la lumière solaire n'a pas toujours l'intensité utile, surtout lors des courtes journées d'hiver, et cela avait autrefois d'autant plus d'importance que les préparations premières étaient douées d'une sensibilité relativement faible. Dans les pays septentrionaux, surtout, ce défaut s'accentuait, aussi ne devrons-nous pas être étonné, en résumant l'historique de la question des lumières artificielles, de voir combien les savants anglais se sont préoccupés de la solution de ce problème.

D'autre part, il est de nombreux cas où la lumière du jour fait absolument défaut ; les vues d'intérieurs sombres, les cavernes profondes, ou ne pénètre jamais aucun rayon solaire, semblaient interdits à l'objectif. Il y avait donc là motif à recherches et celles-ci n'ont pas manqué de se produire.

Lorsque la Photographie entra dans la voie des agrandissements, elle eut d'abord recours à la lumière solaire, indispensable avec le peu de sensibilité des préparations d'alors; mais, lorsque, par une suite de découvertes successives, on fut arrivé à des couches d'une extrême sensibilité, on put sans difficulté employer la lumière fournie par les lampes à huile ou au pétrole, qui sont cependant, comme nous aurons à le démontrer, les sources lumineuses les plus faibles et les moins propres aux travaux photographiques habituels.

Historique de la question. — Le premier emploi des lumières artificielles pour la production d'épreuves photographiques aurait été fait par Sillmann et Good en 1840; ils auraient obtenu sur plaque daguerrienne des images passables, un peu dures toutefois, en employant la lumière de l'arc électrique, que Davy avait signalée dès 1801.

Les premiers portraits au gaz ont été faits à Londres en 1857 par Law, de Newcastle : il usait d'une lampe à gaz intensive, système Wigham, munie d'un large réflecteur d'une superficie d'environ 1^{mq} : c'était un miroir argenté dont on avait eu soin de strier la surface pour mieux diffuser la lumière. Il y avait là un progrès, bien insuffisant cependant, par suite de la lenteur des collodions alors employés.

Plus tard, après la découverte de la lumière Drummond, on essaya de se servir de cette source très puissante pour faire de la Photographie (1); mais, comme nous aurons à le démontrer plus loin, jamais la lumière du gaz ne put être employée d'une façon courante : toutefois nous verrons que le bec Auër a résolu en partie le problème.

Pendant que ces expériences diverses se préparaient, les chercheurs ne restaient pas inactifs et demandaient aux préparations pyrotechniques la solution cherchée. Il a été formulé alors un nombre incalculable de flammes du Bengale que nous aurons l'occasion d'étudier, mais dont le plus grand défaut, outre la longueur de pose, était d'émettre des vapeurs épaisses, qui rendaient bientôt irrespirable l'air ambiant.

Il convient aussi de signaler les diverses méthodes de production de la lumière par la combustion du soufre, du phosphore, du sulfure de

(1) La lumière Drummond a été employée pour la première fois en 1861 par Hill pour faire des portraits au daguerréotype.

carbone, etc., dans l'oxygène ou le bioxyde d'azote : nous verrons que, si ces méthodes fournissaient une lumière parfaitement actinique, très apte aux reproductions photographiques, en revanche elles donnaient lieu à des vapeurs éminemment nocives et étaient extrêmement dangereuses à manier.

C'est alors que nous voyons apparaître le magnésium ; en 1860, Bunsen et Roscoë montraient que la combustion d'un fil de magnésium donnait lieu à la production d'une lumière d'un éclat considérable, d'une très grande tranquillité; enfin, ils remarquaient que cette lumière, très riche en rayons violets, était particulièrement actinique, c'est-à-dire apte à impressionner les préparations photographiques.

De nombreux modèles de lampes ne tardèrent pas à surgir pour brûler d'une façon continue le métal réduit en fil, soit seul, soit associé au zinc. Puis on eut l'idée de projeter le métal porphyrisé dans une flamme très chaude, où il s'enflammait : on obtenait ainsi un rapide éclair dont l'intensité était suffisante pour impressionner la plaque.

Mais comme, dans cette projection mécanique du métal pulvérisé, une grande partie échappait à la flamme, on eut l'idée d'y adjoindre des matières propres à fournir l'oxygène indispensable à la combustion du magnésium et l'on refit de nouvelles préparations pyrotechniques à base de magnésium, qui fournissaient un éclair doué d'une rapidité très grande et d'un puissant pouvoir actinique.

Cependant nous aurons lieu de voir que, dans toutes ces poudres, on a à lutter contre une fumée des plus intenses, qui ne tarde pas à se répandre dans l'atmosphère en un brouillard opaque, formé par une fine poussière de magnésie, trop souvent accompagnée de gaz nocifs, qui provoque la toux et empêche l'opérateur de continuer ses épreuves : aussi verrons-nous l'ingéniosité des inventeurs se porter sur la confection d'appareils propres à emmagasiner ces fumées, pour les faire évaporer ensuite hors du lieu où l'on opère.

Il est à noter qu'on a cherché à remplacer le magnésium par d'autres métaux, l'aluminium et le zinc, sans que ces recherches aient paru aboutir à des résultats certains. La grande cherté du magnésium, au début des essais, a été, il faut l'avouer, une cause presque prohibitive pour son emploi habituel ; mais, peu à peu, devant la demande, l'industrie a trouvé des méthodes de préparation plus simples, et, à l'heure actuelle, le prix du métal est des plus abordables.

Tel est, en ses grandes lignes, l'historique de l'emploi des lumières artificielles en Photographie. Nous aurons, au cours de ce travail, à revenir sur cette question; nous préciserons alors les limites d'emploi de ces diverses sources, et nous dirons quelles ont été les tentatives faites précédemment, renseignements très utiles, à notre avis, au chercheur, ne serait-ce que pour l'empêcher de s'engager dans une voie déjà inutilement parcourue.

Conditions des lumières artificielles. — Avant d'entrer dans le détail de notre étude, il sera important de définir exactement les conditions que doivent remplir les lumières artificielles au point de vue photographique.

Nous laisserons d'abord de côté les questions de l'actinisme et de l'intensité; il est évident que, si ces deux conditions n'étaient pas remplies par le foyer lumineux expérimenté, il serait inutile d'en continuer l'étude.

Les lumières artificielles à point lumineux très resserré ne conviennent pas à la Photographie; elles durcissent le modèle en produisant des ombres noires sur lesquelles les parties bien éclairées s'enlèvent en relief, sans demi-teinte. Il en est encore de même lorsque la quantité de lumière fournie par le foyer en un temps donné est trop faible.

Les effets de la lumière ont été parfaitement étudiés par de la Blanchère [1], non pas dans le cas spécial qui nous occupe, mais dans le cas général de l'éclairage du modèle. Nous citerons les points principaux de son article :

« En Photographie, on peut dire que l'éclairage est tout, car la forme du modèle peut être modifiée par l'éclairage, vérité dont il est facile de s'assurer en comparant les portraits d'une même personne faits ou dans une chambre, ou en plein air, ou dans un atelier spécial. On est souvent étonné de voir une image photographique qui ne ressemble pas au modèle qui l'a produite.

» L'éclairage en plein air donne une lumière trop forte au front, à l'arête du nez et à la lèvre supérieure, surtout si elle est recouverte d'une moustache.

» L'ovale de la figure semble plus court, et, par opposition, les ombres des orbites, des narines, des lèvres, du cou sont beaucoup trop accentuées : de là, un aspect de tête de mort.

» Dans une chambre, près d'une fenêtre, les mêmes effets se produisent,

---

[1] De la Blanchère, *Répertoire encyclopédique de Photographie*, t. I, p. 335; 1859.

mais dans un autre sens; et ici, le seul moyen de les éviter consiste à choisir un profil éclairé, qui donne souvent de beaux effets, en plaçant le modèle de façon que l'accès de la lumière ait lieu entre lui et l'objectif....

» En général, pour bien éclairer le modelé d'un portrait, on fait arriver la lumière à 45° sur le grand côté du visage; il est très utile qu'en même temps on ménage, sur le petit côté, un effet de lumière réfléchie ou diffuse, qui produise le clair obscur, en accentuant les traits dans la demi-teinte.

» Ce jour diffus, opposé à la grande lumière, est le secret général du portrait. C'est au défaut d'équilibre entre ces deux lumières qu'on doit les portraits blancs et noirs, sans demi-teinte, si difficiles à éviter en été. »

Les trois modes de la lumière. — Nous avons tenu à reproduire ce passage pour montrer combien, dès les premiers temps de la Photographie, on a attaché d'importance à la répartition exacte de l'éclairage; et, de fait, tout le modelé de l'épreuve est fourni par la façon dont on a distribué la lumière qui baignait le modèle.

Cette lumière se présente sous trois modes bien distincts, dont il est utile de préciser la valeur : la lumière directe, la lumière diffuse, la lumière réfléchie.

La *lumière directe,* dont le nom seul comporte la définition, en frappant les points saillants du modèle, accentue ces saillies en les éclairant vivement, tandis que les parties non frappées directement sont noyées dans une ombre plus ou moins épaisse. Cette lumière directe « pique » partout des notes éclatantes, blanches; c'est elle qui produit cet effet de plein air que signalait de la Blanchère; c'est elle qui fournit, avec une lampe unique au magnésium, ces figures heurtées qu'on nous a autrefois si souvent présentées; ou encore qui, tombant trop normalement sur le modèle, donne un visage aplati, blafard.

La *lumière diffuse* est produite par la réflexion des rayons lumineux, non seulement par tous les objets qui entourent le modèle, mais aussi par les mille particules solides dont l'air est souillé : toutes ces réflexions qui se font en tous sens ont pour résultat de brasser en quelque sorte les ondes lumineuses et d'entourer le modèle d'une atmosphère de lumière évidemment bien moins intense que celle qui frappe directement, mais dont l'effet immédiat est d'atténuer les ombres, de créer ces pénombres qui modèlent mieux les différents plans du sujet.

La *lumière réfléchie,* qui ne doit être en rien confondue avec la précédente, est le faisceau de lumière résiduelle émis dans une direction donnée par une large surface éclairée : cette lumière réfléchie, qui prend souvent une coloration particulière, après l'absorption partielle du rayon direct par le corps réfléchissant, peut être dirigée en un point voulu du modèle, par une modification convenable de l'angle du réflecteur. Le photographe, grâce à elle, peut adoucir des contrastes trop marqués, mais il devra être très circonspect dans l'emploi de cette lumière qui, bien souvent, en affadissant trop les ombres, enlève tout modelé et aplatit les figures.

Ainsi, d'une façon générale, nous pouvons dire que la lumière diffuse éclaire le modèle; la lumière directe lui donne ses grands effets de blanc et de noir, et la lumière réfléchie corrige les duretés de cette dernière, quand il y a lieu. Remarquons que toutes ces observations, faites pour le portrait, en particulier, gardent toute leur valeur pour les cas généraux, photographies d'intérieurs, de grottes, etc.

Il importera donc, quand nous ferons usage des sources artificielles, de chercher à créer ces trois modes de lumière; c'est de la constatation de ces faits que sont nées les diverses méthodes que nous aurons à analyser : emploi de réflecteurs blancs ou striés avec la lumière électrique, multiplicité des foyers lumineux avec le gaz ou les lampes au magnésium, ou encore, comme l'a fait M. Brichaut, exagération de la quantité de poudre-éclair pour faire naître une forte lumière, dont la plus grande partie sera diffusée par toutes les parois de la chambre où l'on opère.

Intensité des lumières artificielles. — Nous venons de voir quels sont les trois modes d'action de la lumière considérée d'une façon générale, il est utile maintenant de l'étudier au point de vue de l'intensité et du pouvoir actinique.

Dans une très remarquable conférence, faite au Conservatoire des Arts et Métiers ([1]), M. A. Buguet a traité cette question si délicate de la Photométrie photographique, et il a posé des jalons pour l'étude si difficile de la valeur des lumières. Il s'est préoccupé surtout de la mesure

([1]) Voir *Conferences publiques sur la Photographie théorique et technique,* organisées en 1891-1892 par le Directeur du Conservatoire national des Arts et Métiers. In-8, avec 198 fig. et 9 planches; 1893 (Paris, Gauthier-Villars et fils).

des radiations utiles au photographe, et qu'il a appelées, à juste titre, *lumière graphique*.

Il pose en principe que, dans les rayons émis par une source lumineuse, il y a lieu de considérer les caractères suivants :

1° L'intensité ou puissance graphique;
2° La durée;
3° L'énergie graphique;
4° Le rendement graphique;
5° L'éclat graphique.

Il appelle *intensité*, ou mieux *puissance graphique* d'une source, le quotient de l'énergie graphique qu'elle donne par sa durée. Il fait remarquer, avec juste raison, que l'intensité optique est absolument distincte de l'intensité graphique.

Une série d'expériences directes et la discussion des résultats trouvés par Eder et Abney lui ont permis de dresser un Tableau, dans lequel il compare les puissances optiques et graphiques de diverses sources, et il en tire les conclusions suivantes [1] :

« On voit que la puissance graphique, étant environ *trois fois moindre* que la puissance optique pour les flammes jaunes, lui devient égale pour la lumière oxhydrique, qui a évidemment une composition très voisine de celle du platine incandescent. Elle devient, au contraire, quintuple pour l'arc électrique, sextuple pour la flamme d'un ruban de magnésium. D'après Abney, la puissance graphique du soleil de juin, à midi, serait vingt fois sa puissance optique. »

Nous avons tenu à appuyer sur ce point pour bien démontrer que l'impression causée sur notre œil par une source lumineuse quelconque ne peut en rien nous renseigner sur sa valeur au point de vue photographique.

Pour l'étude des autres constantes de la lumière, nous renverrons le lecteur au savant travail de M. Buguet.

Eder a institué une série d'expériences comparatives sur la puissance des diverses sources lumineuses, et il a résumé son travail dans un Tableau, dont nous extrayons les données suivantes :

---

[1] Cf. *Photo-Journal*, année 1892, page 143 (article sur *les constantes des sources de lumière*).

NOM DES SOURCES.	PUISSANCE photométrique.	PUISSANCE photographique.	DURÉE.	ÉNERGIE.	ÉNERGIE rapportée à 1 gr. de Mg.
Lampe Hefner Alteneck........	1	1	1	1	
Bec Argand (gaz)..............	16	28	1	28	
Lumière oxhydrique............	70	260	1	260	
Ruban de magnésium, pesant 1gr,4 au mètre	80	1 600	1	1 600	230 000
Ruban de magnésium, pesant 0gr,5 au mètre		1 700	1	1 700	210 000
Poudre de magnésium, 0gr,5 (lampe Schirm)		145 600	$\frac{1}{8}$	18 200	364 000
Poudre de magnésium, 0gr,1 (lampe Beneckendorf).........		252 000	$\frac{1}{7}$	36 000	360 000
Poudre de magnésium, 0gr,3 (lampe Haake Albers)..........		500 000	$\frac{1}{5}$	100 000	330 000
Poudre de magnésium, 1gr (lampe Sinsel)..		1 400 000	$\frac{1}{4}$	350 000	350 000
Poudre de magnésium, 1gr (lampe Loehr)..		1 000 000	$\frac{1}{3}$	350 000	350 000
Poudre de magnésium, 4gr (lampe Loehr)...		1 800 000	$\frac{1}{2}$	900 000	220 000
Photopoudre (0gr,1 de Mg).....		576 600	$\frac{1}{30}$	19 200	192 000
» (1gr,5 de Mg).....		5 000 000	$\frac{1}{25}$	200 000	133 000
» (4gr de Mg).......		10 000 000	$\frac{1}{20}$	500 000	125 000
4 lampes électriques à arc......		200 000	1	200 000	»

Ce Tableau nous donne des renseignements très précieux à plus d'un titre : il nous montre que la lumière du magnésium est celle qui a le plus d'énergie graphique, mais il nous montre aussi que le rendement dépend beaucoup de l'appareil employé. Les photopoudres ont un rendement au point de vue de l'énergie, rapportée à 1gr de magnésium, plus faible que la poudre de métal pur. Mais la durée de l'éclair est incomparablement plus courte.

Nous aurons à revenir sur ces points dans la Seconde Partie de cet Ouvrage.

CHAPITRE II.

LES PRÉPARATIONS PYROTECHNIQUES.

SOMMAIRE : Généralités. — Composition générale des préparations pyrotechniques. — Proportion des composants. — I. *Comburants.* — Les chlorates. — Le salpêtre. — Comburants divers. — II. *Combustibles.* — Le soufre. — Charbon de bois. — Gomme laque. — Combustibles divers. — III. *Éclairants.* — Sulfures métalliques. — Chlorure de mercure. — Manipulations. — Mode d'emploi des préparations pyrotechniques. — Avantages et inconvénients des préparations pyrotechniques. — *Formules diverses.* — Poudre au sulfure d'antimoine. — Poudre à l'orpiment. — Poudre au minium. — Poudre à l'antimoine. — Formules diverses. — Poudre à l'acide picrique. — Conclusions.

Généralités. — Les préparations pyrotechniques sont employées depuis fort longtemps comme artifices d'éclairage capables soit de donner, en temps de guerre, des lumières vives pour faire des signaux ou éclairer les travaux d'approche de l'ennemi, soit de fournir des flammes de couleurs variées dont on fait usage dans les fêtes publiques, sous le nom de feux d'artifices, feux du Bengale, etc.

Quelques-unes de ces flammes ont une telle intensité qu'il n'est pas étonnant de voir que l'attention des chercheurs a été tout d'abord attirée sur nombre d'entre elles; et beaucoup de formules ont été indiquées pour l'emploi de poudres pyrotechniques dans les usages de la Photographie.

Cependant il est utile de faire remarquer de suite qu'on doit faire un choix judicieux des matières qui entreront dans la composition de ces poudres. S'il importe, en effet, qu'elles aient un grand éclat, il faut que celui-ci soit surtout dû à l'abondance de rayons actiniques. Remarquons que, dans le spectre solaire, le maximum d'éclat pour notre œil est dans la partie jaune et celle qui s'étend vers le rouge; or, justement, c'est cette portion du spectre qui est la moins riche en rayons actifs, c'est-à-dire capables d'amener les décompositions chimiques voulues dans la plaque sensible, tout au moins avec le gélatinobromure actuel. Il résultera de cette première constatation qu'on devra éviter l'emploi de sels fournissant des rayons inactiniques, en particulier ceux de sodium; ce métal, en effet, donne précisément dans le spectre une magnifique bande dans le jaune, ou, si l'on préfère, produit des flammes très riches en rayons jaunes.

D'un autre côté, il y aura lieu de s'inquiéter de la condition suivante; à savoir que les résidus de la combustion ne soient pas vénéneux, l'emploi des lumières artificielles se faisant le plus souvent dans des endroits renfermés.

Composition générale des préparations pyrotechniques. — Les compositions pyrotechniques doivent satisfaire à trois conditions principales, ou, si l'on veut, les composants doivent présenter trois qualités bien distinctes.

Toute poudre pyrotechnique, en effet, se compose essentiellement d'un *combustible*, d'un *comburant* et d'un *éclairant*.

Le *combustible* est destiné à assurer la propagation de la flamme : le charbon de bois très divisé, le soufre en fleur, les gommes laques en poudre, etc., sont les combustibles généralement employés. Bien souvent le soufre, combiné avec le métal éclairant, jouera aussi le rôle de combustible.

Le *comburant* est constitué par un sel très oxygéné, qui fournira, par décomposition, sous l'influence de la chaleur, l'oxygène nécessaire à la combustion complète du premier composant. L'azotate de potasse ou salpêtre était le comburant dans l'ancienne poudre de guerre, noire : en Pyrotechnie, on emploie beaucoup le chlorate de potasse, qui se décompose très rapidement, à une température relativement basse, en chlorure de potassium et en oxygène; ce dernier gaz est même produit en quantité assez considérable, puisqu'un équivalent de chlorate de potasse donne six équivalents d'oxygène.

Lorsque l'on voudra colorer la flamme, au lieu de chlorate de potasse, on se servira de chlorates de baryte, de strontium, etc., dans lesquels le métal fournira en brûlant une certaine quantité de rayons rouges ou verts qui pourront être d'un utile emploi dans certains cas où la pratique de l'orthochromatisme est indiquée.

Le rôle de l'*éclairant*, ainsi que son nom l'indique, est de fournir à la flamme produite par les deux premiers composants l'éclat qui lui est nécessaire. Il est à remarquer qu'une flamme ne possède de l'éclat, n'est éclairante, qu'à la condition de renfermer des particules solides qui, portées à l'incandescence, fournissent la lumière rayonnante. La flamme du gaz hydrogène, qui résulte de la combustion de deux gaz sans intervention de corps solides (oxygène et hydrogène), n'a en effet aucun pouvoir éclairant : faisons barboter le gaz, avant de l'allumer, dans un liquide facilement vaporisable et riche en carbone, comme la benzine ou l'essence de pétrole, aussitôt la flamme prend de l'éclat, dû à l'incandescence des particules solides de carbone entraînées par l'hydrogène. Il en est de même de la flamme de l'alcool; composé surtout d'hydrogène et d'oxygène et peu riche en carbone, ce liquide brûle, en effet, avec une flamme bleuâtre sans éclat.

Il y a donc lieu d'ajouter aux deux premiers composants une substance capable de brûler en fournissant des particules solides qui deviendront incandescentes dans le foyer de chaleur créé : les métaux combustibles tels que le zinc, le magnésium, l'aluminium, qui brûlent tous avec une belle flamme blanche en donnant des oxydes blancs difficilement réductibles aux températures atteintes par la déflagration de la poudre, seront tout indiqués pour former le composant éclairant. Si les métaux ne sont que difficilement inflammables, tels que l'antimoine, on aura recours de préférence aux sulfures dans lesquels le soufre aide à la propagation de la flamme et à l'élévation de température.

Ce sont là les principes généraux qui doivent guider lorsqu'on cherche à établir un mélange pyrotechnique; mais il est encore d'autres considérations sur lesquelles il y a lieu d'appeler l'attention du lecteur.

Proportion des composants. — Étant donné qu'on a fait choix des trois composants, qui devront concourir à la préparation d'une flamme, on ne pourra les employer en des proportions quelconques, sinon on n'arrivera pas à faire donner au mélange le maximum possible de pouvoir éclairant.

La proportion du comburant devra être calculée de telle sorte qu'elle fournisse exactement la quantité d'oxygène nécessaire pour la combustion parfaite du combustible et de l'éclairant : si, en effet, elle trop faible, une partie des combustibles restera à l'état inerte, ne trouvant pas une atmosphère capable de produire une oxydation complète et l'on n'atteindra pas la température sur laquelle on était en droit de compter. Si, inversement, la quantité d'oxygène produite est beaucoup trop considérable, les particules solides seront trop vite consumées et n'auront pas le temps de passer à l'incandescence nécessaire à l'éclat de la flamme, ou tout au moins celle-ci sera de trop courte durée.

Un exemple frappant de ce fait nous est donné par le brûleur Bunsen.

Tant que le gaz d'éclairage brûle à la manière ordinaire, le chalumeau donne une belle flamme très éclairante, par suite des particules de charbon incandescentes qu'elle contient; ouvrons progressivement le trou d'entrée d'air : celui-ci, aspiré par le jet de gaz, se mêle de plus en plus avec ce dernier, la combustion devient plus complète, grâce à l'afflux plus considérable d'oxygène, et la lumière pâlit jusqu'à ce que l'oxygène soit en quantité suffisante pour réduire tout le carbone en acide carbonique; à ce moment on remarquera qu'à ce minimum de lumière correspond le maximum de chaleur; si l'on continuait à faire affluer l'oxygène, la température, non seulement ne monterait plus, puisqu'il n'y aurait plus surproduction d'actions chimiques, mais encore baisserait, puisqu'une partie de la chaleur serait employée inutilement à chauffer l'air en excès.

Étant donnés, d'une part, la composition chimique du combustible et du comburant, de l'autre, le produit résultant de la combustion, un simple calcul d'équivalents donnera les quantités nécessaires de l'un et l'autre composant.

Nous mélangeons par exemple du chlorate de potasse dont la formule est $KClO^3$ et le poids moléculaire 122,5 avec du charbon dont la formule est C et le poids atomique 12. Nous savons que la réaction nous donnera du chlorure de potassium ($KCl = 74,6$) et de l'acide carbonique ($CO^2 = 44$). Nous voyons que, pour établir exactement la formule, il nous faudra

$$2KClO^3 + 3C = 2KCl + 3CO^2.$$

Il y aura donc lieu d'employer pour 245gr de chlorate de potasse 36gr de carbone. Pratiquement, il sera bon de forcer légèrement le poids de chlorate ou de diminuer un peu celui du carbone pour être sûr d'avoir l'oxygène nécessaire en excès pour parer aux erreurs diverses de la pratique (impuretés des produits, etc.). Nous prendrons donc 250gr de chlorate et 35gr de carbone, ce qui nous donnera une moyenne de 14gr de carbone pour 100gr de chlorate.

Quand l'éclairant est un sulfure, il y aura lieu de tenir compte de la quantité nécessaire d'oxygène pour réduire le soufre en acide sulfureux.

Si nous nous sommes un peu arrêté sur cette question, c'est que nous avons vu trop souvent formuler soit des explosifs, soit des préparations pyrotechniques, dont les dosages, calculés à l'estime, ne pouvaient donner réellement l'effet utile qu'on était en droit d'en attendre.

Nous allons étudier séparément les trois composants des poudres pyrotechniques en indiquant leur valeur chimique et leur composition.

I. — COMBURANTS.

Les chlorates. — Le meilleur des comburants est le chlorate de potasse qui, à une température peu élevée, cède facilement tout son oxygène. Le chlorate de potasse $KClO^3$ a pour poids moléculaire 122,5 et une densité de 2,3 ; c'est un sel blanc anhydre cristallisant en tablettes transparentes, d'une saveur très fraîche ; c'est enfin un oxydant très énergique. Simplement mélangé en poudre avec un combustible, soufre, sciure de bois, etc., il constitue un explosif d'une violence extrême qui détone au moindre choc. Aussi faut-il prendre les précautions les plus minutieuses en préparant des poudres au chlorate ; les divers composants doivent être triturés séparement et leur mélange ne s'opérer que par tamisage (*voir* plus loin). Nous ne recommanderions même pas à l'amateur de réduire lui-même en poudre fine le chlorate de potasse ; il suffirait de quelques brins de paille ou de bois dans le mortier pour provoquer une explosion ; l'industrie, pour le pulvériser, emploie la voie humide, en mettant à profit sa grande différence de solubilité dans l'eau froide et l'eau chaude (5 pour 100 dans l'eau froide, 60 pour 100 dans l'eau bouillante) ; on fait une solution concentrée à chaud de ce sel, et l'on fait refroidir rapidement en maintenant le liquide en agitation constante ; le chlorate se dépose peu à peu en poudre fine, les cristaux ne pouvant se former par suite de la rapidité du refroidissement et de l'agitation du liquide.

Nous insistons tout particulièrement sur le danger offert par les poudres au chlorate, de nombreux accidents arrivés dans les fabriques où l'on manipulait ce produit sont là pour le prouver ; il convient d'ajouter que ces poudres, en prenant de l'humidité, peuvent subir un commencement de décomposition qui peut être une cause d'explosion spontanée.

Déjà, au commencement du siècle, Berthollet avait monté à Essonnes une fabrique pour la préparation d'une poudre chloratée, et un simple frottement du bout de sa canne sur un peu de matière, qui avait séché sur le rebord de la cuve de trituration, entraîna l'explosion de toute la masse : la fabrique entière fut détruite, six ouvriers furent tués ; par un hasard extraordinaire, le savant chimiste ne fut même pas blessé.

En 1890, la *Philadelphia Press* signalait un accident arrivé à la fabrique de MM. Viley et Wallace : dans un atelier on préparait une poudre-éclair au chlorate de potasse et magnésium, très en vogue en Amérique, sous le nom de *Blitz Pulver*. Une explosion formidable eut lieu à la suite d'un léger choc d'un outil; trois personnes furent tuées, trois autres grièvement blessées et une partie des bâtiments renversés : tel fut le bilan lamentable de cet accident, et nous pourrions en signaler nombre d'autres de même nature.

Plusieurs auteurs ont conseillé, au lieu de chlorate, l'emploi du perchlorate ($KClO^4$) : cette combinaison contient un atome d'oxygène de plus, mais elle demande une température plus élevée pour se dissocier, et la séparation de l'oxygène se fait avec une rapidité très grande. Lorsqu'on chauffe du chlorate de potasse pour préparer l'oxygène, les premiers effets de la chaleur ont pour but de mettre en liberté un peu d'oxygène, qui forme, avec le reste du chlorate de potasse, du perchlorate, tandis qu'une certaine quantité de chlorure de potassium se produit; en poussant la chaleur, la dissociation se fait brusquement et l'appareil peut exploser. C'est pour cette raison que l'on conseille de mélanger au chlorate une poudre inerte, telle que le bioxyde de manganèse, qui, en répartissant mieux la chaleur, assure une production réglée d'oxygène et empêche la formation du perchlorate. Nous avons cité cet exemple pour montrer les différences de ces deux formes de sel. Si le perchlorate n'est décomposé qu'à plus haute température, pour la même raison il peut supporter des chocs beaucoup plus violents sans détoner, et c'est cette dernière raison qui l'a fait adopter par plusieurs expérimentateurs; la poudre ainsi constituée peut même être triturée dans un mortier, à la condition que les coups ne soient pas trop forts : c'est là évidemment une supériorité sur le chlorate ordinaire, mais qui est largement compensée par un prix beaucoup plus élevé.

Les poudres chloratées devront être conservées en flacons fermés à l'aide de bouchons en liège, et non à l'émeri ; car, ainsi que l'a fort bien fait remarquer M. Londe, si, dans le col du flacon, quelques traces de la poudre s'étaient incrustées dans le dépoli du verre, en remettant le bouchon, le frottement des parties rugueuses pourrait suffire à déterminer une explosion.

Pour colorer les flammes, on emploiera le chlorate de baryum (vert), celui de strontium (rouge), ou celui de lithium (bleu); ces sels présentent les mêmes dangers que le chlorate de potasse.

Le salpêtre. — Un comburant moins énergique, mais d'une manipulation plus sûre, est le salpêtre ou azotate de potasse ($KAzO^3$. — P.M. = 101, D = 2). Le salpêtre cristallise en longues aiguilles transparentes, qui retiennent une certaine quantité d'eau de cristallisation, aussi est-il assez difficile de pulvériser au mortier ce sel qui, d'autre part, légèrement hygrométrique, absorbe de la vapeur d'eau de l'air et se réduit en une sorte de pâte. Pour le sécher et le pulvériser, on emploie une méthode spéciale que les artificiers appellent le *farinage*.

On met, dans une grande capsule en porcelaine, du salpêtre avec un minimum d'eau (335 parties de salpêtre pour 100 d'eau) et l'on porte rapidement à l'ébullition : le sel fond entièrement dans cette petite quantité d'eau en donnant un liquide transparent; on modère légèrement le feu et l'on remue constamment avec une spatule de bois. L'eau s'évapore peu à peu, le liquide se trouble, devient laiteux et finalement se trouve réduit en une pâte blanche, épaisse, qu'on fait refroidir lentement en brassant continuellement la matière. On obtient ainsi du salpêtre parfaitement sec et en poudre fine qu'on tamise rapidement et que l'on conserve en un flacon hermétiquement fermé.

Le salpêtre fournit une moins grande quantité d'oxygène, sa décomposition est moins vive que celle du chlorate, mais il donne cependant d'excellentes poudres, témoin la poudre noire, dont le plus grand défaut est d'être hygrométrique.

D'un autre côté, le salpêtre a ce défaut, par sa potasse, de donner de la fumée, aussi a-t-on cherché à plusieurs reprises à le remplacer par l'azotate d'ammoniaque dont la décomposition ne forme aucune matière solide. On obtient, en effet, du bioxyde d'azote, excellent comburant, et de la vapeur d'eau. Mais l'azotate d'ammoniaque est de beaucoup plus hygrométrique que le salpêtre, il est même déliquescent, et les poudres ainsi constituées sont plus difficiles à conserver.

Comburants divers. — On a indiqué d'autres comburants de moindre valeur que ces deux premiers : ce sont, en général, des corps très riches en oxygène et capables de se dissocier avec une faible élévation de température; certains oxalates, le permanganate de potasse, le bichromate de potasse, ont été employés dans ce but, mais presque toujours à titre auxiliaire.

II. — COMBUSTIBLES.

Les combustibles sont excessivement nombreux. En dehors du soufre, on verra qu'on a recours le plus souvent à des corps riches en carbone, tels que les charbons de bois, le camphre, la gomme laque, etc. Nous allons les étudier séparément.

Le soufre. — Le soufre est un corps simple (S. — PA = 32, D = 1,9), de couleur jaunâtre, qui brûle avec une flamme bleue peu éclairante, mais ayant un pouvoir photogénique très grand, ainsi que nous aurons à le démontrer au Chapitre III. Il donne en brûlant des fumées blanches suffocantes d'acide sulfureux, aussi devra-t-il être peu employé pour les flammes qui doivent brûler en lieu clos.

On préférera, pour les préparations pyrotechniques, la *fleur de soufre,* qui est obtenue par sublimation, et se présente sous la forme d'une poudre cristalline très fine, de couleur citron. La fleur de soufre, telle que le commerce la fournit, contient toujours un peu d'acide sulfurique formé pendant la sublimation et dont il importe de la débarrasser soigneusement par des lavages répétés, d'abord à l'eau alcaline, ensuite à l'eau pure, puis on la fait sécher dans une atmosphère tiède; on reconnaît que la fleur de soufre est bien sèche lorsqu'elle coule aisément à travers un tamis sans former de grumeaux.

Charbon de bois. — Un combustible des plus employés est le charbon de bois. Toutes les essences ne conviennent pas pour faire un charbon apte aux préparations pyrotechniques; on doit choisir de préférence des essences donnant des charbons légers brûlant sans résidus et faciles à pulvériser : les charbons de fusain ou de bourdaine sont généralement supérieurs en ce sens à tous les autres.

Gomme laque. — La gomme laque, sorte de résine brune, que l'on recueille principalement aux Indes, a été très souvent indiquée à cause de sa grande inflammabilité. Il est très difficile, pour ne pas dire impossible, de réduire la gomme laque en poudre à l'aide du mortier; mais on y arrive très aisément par l'artifice suivant. On profite de la double propriété de cette résine d'être très soluble dans l'alcool et insoluble dans l'eau. On la dissout dans l'alcool pur à l'aide d'une douce chaleur, on jette le vernis ainsi obtenu dans de l'eau froide, et on agite vivement à l'aide d'une spatule; l'eau devient aussitôt laiteuse et la résine se dépose peu à peu en une très fine poussière qu'on décante et qu'on met sécher à l'air libre : elle se présente alors sous la forme d'une poudre d'un brun clair.

Combustibles divers. — Nous signalerons, sans trop appuyer, sur divers autres combustibles qui ont été préconisés : le camphre a été indiqué à plusieurs reprises, il en est de même du ferrocyanure jaune de potassium, qui donne plus de vivacité à la flamme. Lorsqu'il s'agit, au contraire, d'avoir des préparations donnant une flamme de longue durée, on a conseillé l'emploi de glu de lin, de suif ou de cire.

D'une façon générale, on sera guidé dans le choix des combustibles par le résultat à atteindre : lorsqu'on veut avoir une lumière à la fois forte et rapide, on choisira les combustibles très inflammables, soufre, gomme laque, etc.; si, au contraire, on désire une pose un peu longue, on préférera les combustibles à combustion lente.

III. — ÉCLAIRANTS.

Nous traiterons dans des Chapitres spéciaux les poudres au magnésium et à l'aluminium, nous ne nous occuperons ici que des éclairants autrefois employés par la pyrotechnie.

Sulfures métalliques. — Les sulfures métalliques donnent, en général, de très bons éclairants; le plus employé est le sulfure d'antimoine. On préfère le sulfure naturel, appelé *stibine* (Sb^2S^3), qui se présente sous la forme d'une poudre grise, à l'aspect métallique, un peu plus violacé que le graphite ou mine de plomb : sa densité est 4,6; il est très inflammable et donne une belle lumière riche en rayons violets. Les fumées produites par les poudres au sulfure d'antimoine ne sont nocives que par leur acide sulfureux.

On a aussi indiqué le persulfure d'antimoine (Sb^2S^5), produit manufacturé plus riche en soufre, mais qui ne paraît pas donner des résultats nettement supérieurs à la stibine.

D'autres auteurs ont indiqué des sulfures naturels d'arsenic, tels que le réalgar (AsS), poudre d'un rouge orangé, et l'orpiment (As^2S^3), poudre jaune d'or. Ces composés donnent de belles flammes, mais dont les fumées à l'odeur fortement alliacée sont des plus dangereuses à respirer; aussi les citons-nous, sans les conseiller.

Chlorure de mercure. — Dans certains feux colorés en bleu pâle, on a recommandé l'emploi du chlorure de mercure. Ce sel, appelé aussi calomel, n'est pas vénéneux, mais il tend facilement à passer à la forme de bichlorure ou sublimé corrosif. La lumière fournie par le mercure est très actinique, nous verrons plus loin qu'elle donnait dans la lampe électrique de Way de très bons résultats, mais les vapeurs de mercure sont éminemment toxiques, et ce n'est pas sans les plus grandes précautions qu'on devra faire usage du calomel.

Manipulations. — Nous venons d'analyser les principaux composants des préparations pyrotechniques, nous dirons maintenant un mot sur les manipulations nécessaires pour préparer les feux pyrotechniques. Une fois la formule adoptée, les divers corps à employer seront mis séparément en poudre fine et, comme nous avons eu l'occasion de le dire, cette trituration constitue une opération le plus souvent très délicate, il vaudra mieux demander à l'industrie ces corps tout préparés : on se contentera, pour assurer la finesse du produit, de les tamiser à l'aide de tamis de soie à fine perce. On s'assurera au préalable que les diverses poudres sont bien sèches, ce qui se reconnaît à la facilité avec laquelle elles coulent dans le tamis ; dans le cas contraire, on les étendra sur plusieurs doubles de papier buvard et on les séchera au soleil ou encore dans une étuve modérément chauffée.

Après avoir pesé de chacune d'elles les quantités nécessaires, on procédera au mélange par tamisage : les composants sont d'abord mélangés grossièrement sur une feuille de papier avec une spatule de bois, puis on les tamise à plusieurs reprises. Cette opération donne beaucoup d'homogénéité à la poudre et devra toujours être préférée à la trituration au mortier qui peut être souvent, par choc, la cause de très graves accidents.

Mode d'emploi des préparations pyrotechniques. — Le plus souvent on se contente de verser sur une plaque de métal la préparation en vrac, en la disposant en forme de cône, dans la pointe duquel on insère la mèche constituée soit par une tresse de coton-poudre ou une mèche de coton roulée dans du pulvérin mis en pâte avec un peu d'alcool et de dextrine.

D'autres praticiens ont préféré préparer la composition en cartouches, c'est-à-dire comprimée dans des tubes de carton ou de métal. Il est reconnu, en effet, que ces poudres comprimées brûlent avec plus de vitesse en développant une plus haute température, partant plus de lumière.

La cartouche se compose de deux ou trois révolutions de papier fort autour d'un mandrin en bois qu'on recouvre de deux révolutions de papier fin préalablement enduit de colle de pâte. La cartouche doit avoir trois ou quatre calibres de hauteur, c'est-à-dire une hauteur égale à trois ou quatre fois le diamètre intérieur ([1]). Au fond de la cartouche, on dispose un disque de carton qu'on assujettit en collant par-dessus une rondelle de papier fort de plus grand diamètre que celui de la cartouche, on entaille régulièrement avec des ciseaux l'excédent de papier qui doit être rabattu et collé sur le cylindre de carton. Afin d'assurer l'étanchéité de la cartouche, on verse d'abord dans celle-ci quelques cuillerées de terre de pipe ou d'argile bien sèche et pulvérisée finement, on introduit par-dessus un mandrin, après avoir établi le fond de la cartouche sur un bloc de bois debout, bien dressé, et l'on frappe quelques coups de maillet. La terre en se tassant constitue un fond solide, imperméable et incombustible.

La composition sera ensuite tassée dans la cartouche au mandrin et au maillet, mais en ayant soin de remplir peu à peu et par portions égales (la meilleure méthode est de ne mettre chaque fois que sur une hauteur égale à un demi-calibre, tout au plus un calibre, de poudre non tassée). On devra de même ne frapper que le même nombre de coups de maillet et autant que possible de même force ; on assurera ainsi une combustion plus régulière.

La cartouche pleine sera fermée par une rondelle de papier parcheminé, dont les bords seront rabattus sur le cylindre et maintenus par deux tours de ficelle bien serrée. Lorsqu'on voudra se servir de la cartouche, il suffira de pratiquer, avec la pointe d'un canif, une incision sur le papier parcheminé et d'y insérer la mèche; pour assurer l'inflammation, on a souvent conseillé de répandre à la surface de la composition un peu de pulvérin comprimé par quelques coups de maillet.

Les poudres chloratées ne devront pas être chargées au maillet et seront simplement tassées à la main.

Avantages et inconvénients des préparations pyrotechniques. — Les préparations pyrotechniques, qui ont rendu de réels services avant que la puissance éclairante du magnésium ait été démontrée et surtout avant que ce métal ait pu être produit industriellement à des prix abordables, présentent de sérieux inconvénients. En général, elles sont très lentes dans leur combustion, avantage autrefois quand les préparations étaient peu sensibles, qui n'a plus sa raison aujourd'hui avec les plaques au gélatinobromure. Elles répandent des fumées très épaisses qui, en

---

([1]) Les artificiers appellent généralement *pots* ces cartouches de faible hauteur par rapport à leur diamètre.

général non toxiques, ont le grave défaut de rendre l'air irrespirable et tout au moins le souillent d'une telle quantité de corpuscules solides, en forme de brouillard opaque, qu'il n'est plus possible de répéter la pose avant que, par une ventilation longue et énergique, on ait rendu à l'air toute sa transparence.

FORMULES DIVERSES.

De très nombreuses formules ont été indiquées pour les préparations pyrotechniques utilisables par la Photographie; il ne nous est pas possible de les passer toutes en revue, nous donnerons seulement ici les principales, celles qui paraissent avoir été le plus souvent employées. Nous suivrons autant que possible l'ordre chronologique.

Poudre au sulfure d'antimoine. — M. Buss, en 1856, a proposé à la Société de Londres un mélange pyrotechnique dont voici la formule :

Azotate de potasse pulvérisé et sec........	6	parties.
Soufre................................	2	»
Persulfure d'antimoine..................	1	»

La poudre bien triturée est mélangée au tamis et déposée sur une assiette en un petit tas conique : 90^{gr} à 100^{gr} de cette composition sont nécessaires pour obtenir un portrait au collodion; la pose ou durée de combustion est de huit à dix secondes. Cette poudre donne en brûlant des fumées très épaisses, aussi a-t-on conseillé de la brûler dans une lanterne close par des verres bleu pâle et communiquant, par un tuyau, avec une cheminée à fort tirage.

Cette composition au sulfure d'antimoine, empruntée du reste aux anciens répertoires de pyrotechnie, a été le point de départ de nombreuses poudres similaires.

Poudre à l'orpiment. — En 1860, M. Wulf présentait à la Société française de Photographie une lampe de M. Moule (1) et un mélange pyrotechnique qui donnaient de bons résultats. La lampe se composait essentiellement d'une sorte de lanterne contenant un petit poêle couvert

(1) Voir *Bulletin de la Société française de Photographie*, séance du 15 juin 1860, p. 189.

de sable, au milieu duquel on mettait une composition ainsi formulée :

Nitrate de potasse sec	3000gr
Fleur de soufre	1000
Sulfure d'antimoine	200
Orpiment rouge	400

Les divers composants, d'abord bien triturés isolément, étaient ensuite mêlés au tamis : on employait environ 200gr de cette poudre pour un portrait, la combustion durait de dix à quinze secondes. La lumière était très vive, riche en rayons bleus, mais on comprend qu'une telle quantité de soufre et de sulfures donnait une fumée très épaisse et suffocante ; aussi M. Moule avait-il été amené, comme dans la précédente, à la brûler en lanterne close reliée à une cheminée à fort tirage. D'autre part, nous ferons remarquer que l'orpiment est un sulfure d'arsenic, ce qui rend les fumées très dangereuses à respirer.

Poudre au minium. — MM. Rossignol et Fleury-Hermagis, dans leur traité des excursions photographiques, ont indiqué la préparation pyrotechnique suivante :

Soufre	40gr
Minium	10
Sulfure d'antimoine	70
Salpêtre	150

15 à 20gr de cette composition suffisent dans la plupart des cas pour obtenir une bonne épreuve ; il est évident que cette poudre doit émettre des fumées assez intenses, mais étant donné la grande quantité de soufre qu'elle contient, elle doit être assez actinique.

Poudre à l'antimoine. — M. Th. Gulliver [1] a proposé en 1872, pour les agrandissements, une sorte de petite flamme du Bengale ainsi constituée : il roule sur un cylindre d'environ 2cm de diamètre une bande de papier fort, de manière à former un petit tube d'environ 4cm de hauteur ; on met dans le fond de ce tube de la terre de pipe bien pulvérisée que l'on tasse au fouloir et au maillet. On forme ainsi un fond

---

(1) *Bulletin de la Société française de Photographie*, juin 1872, page 166.

solide et incombustible. Par-dessus on tasse au fouloir la composition suivante :

Salpêtre	6 parties.
Soufre	2 »
Antimoine	1 »

Ces substances ont été préalablement bien pulvérisées et desséchées, elles sont mêlées au tamis. Cette fusée s'amorce en déposant à la surface supérieure une pâte de pulvérin délayée avec de l'eau-de-vie gommée, et l'on y dépose une mèche de coton imprégnée de la même pâte.

Mise au foyer du condensateur d'une lanterne d'agrandissement, cette cartouche donnerait, d'après l'auteur, une lumière suffisante et d'assez longue durée pour faire un bon agrandissement. Nous doutons, pour notre part, que le résultat soit bien satisfaisant; une telle composition doit fournir une flamme très large, mal utilisée par la lentille condensatrice, et avoir une durée trop courte ; quoi qu'il en soit, le procédé était à signaler.

Formules diverses. — Nous ne pouvons consacrer un article spécial aux multiples préparations pyrotechniques successivement préconisées; nous résumons dans le Tableau ci-dessous les principales :

	I	II	III	IV	V	VI	VII
Salpêtre	24	112	300	240	864	2	4
Fleur de soufre	7	42	100	8	288	2	2
Sulfure d'antimoine	»	12	20	30	48	1	1
Réalgar	2	»	40	»	»	»	»
Charbon	»	»	»	15	24	»	»

Ces formules sont dues : I, Seebeck; c'est une formule de feu du Bengale datant de 1812; II, Schnauss; III, Wolf; IV et V; Harmann; VI, Boll; VII, Junghaus.

Nous ajouterons à cette liste la composition Lamarre, qui a été proposée et adoptée pour les services de la Guerre et que quelques opérateurs ont pu employer avec succès pour la Photographie :

Chlorate de potasse	500[gr]
Azotate de baryte	1500
Charbon de bois léger	120
Glu de lin	250

Cette composition se met dans un pot et brûle avec une flamme riche en rayons actiniques, la combustion est relativement lente et les fumées ne sont pas nocives.

Pour rendre plus facile et plus comparable l'étude des différentes poudres pyrotechniques, nous les résumons dans le Tableau ci-dessous en ayant soin de les réduire toutes à un poids commun de 100gr.

	1	2	3	4	5	6	7	8	9	10	11
	gr.	gr.	gr.	gr.	gr.	gr.	gr.	gr.	gr.	gr.	gr.
Salpêtre	66,5	65,4	48,4	66,5	72,8	67,5	65,3	81,9	70,5	40,0	57,2
Soufre	22,5	21,7	12,9	22,5	21,2	25,3	21,5	2,7	23,5	40,0	28,5
Charbon	»	»	»	»	»	»	»	5,1	2,0	»	»
Persulfure d'antimoine	11,0	»	»	»	»	»	»	»	»	»	»
Sulfure d'antimoine	»	4,3	22,6	»	»	7,2	4,2	10,3	4,0	20,0	14,3
Orpiment	»	8,6	»	»	»	»	»	»	»	»	»
Réalgar	»	»	»	»	6,0	»	9,0	»	»	»	»
Minium	»	»	16,1	»	»	»	»	»	»	»	»
Antimoine	»	»	»	11,0	»	»	»	»	»	»	»

Auteurs : **1**, Buss; **2**, Moule; **3**, Rossignol; **4**, Gulliver; **5**, Seebeck; **6**, Schnauss; **7**, Wulf; **8** et **9**, Harmann; **11**, Junghaus.

Poudres à l'acide picrique. — Signalons enfin que Borlinetto, en 1867, a préconisé l'emploi d'un mélange de chlorate de potasse et d'acide picrique en parties égales. Cette poudre, d'une combustion très rapide, donne une lumière éblouissante riche en rayons bleus. 6gr de cette poudre sont suffisants pour donner un bon portrait. Il est utile de ne mélanger les composants qu'au moment même de l'emploi, car il est facile de comprendre qu'un tel mélange constitue un explosif des plus dangereux, capable de détoner au moindre choc. Mais les deux poudres conservées en des flacons séparés n'offrent aucun danger : il suffira de les mêler rapidement sur une feuille de papier avec un couteau de bois et d'enflammer le tout à l'aide d'une mèche de coton-poudre. La combustion ne donne qu'une légère fumée noire, d'une odeur empyreumatique et d'un goût très amer, qui se dissipe assez rapidement et n'est pas nocive.

Conclusions. — Les préparations pyrotechniques ont été d'un grand secours aux débuts de la Photographie, alors que le magnésium n'était pas fabriqué industriellement; elles n'ont plus lieu d'être employées à l'heure actuelle à cause de leurs nombreux défauts.

Elles émettent des fumées très épaisses, irrespirables, mais nous verrons plus tard que nombre de préparations au magnésium ne leur cèdent en rien à cet égard; leur principal défaut est la lenteur de leur combustion et leur faible actinisme, qui force à en employer de grandes quantités à la fois. Ce sont là, pour nos préparations actuelles, de graves inconvénients qui en excluent l'usage. Toutefois il nous a paru utile d'étudier en détail ces compositions pyrotechniques, ne fût-ce qu'à titre d'histoire rétrospective, car, répétons-le, elles ont rendu à plusieurs reprises de réels services : leur étude, du reste, a été un enseignement précieux pour la préparation des photopoudres actuels.

CHAPITRE III.

LUMIÈRES CHIMIQUES.

SOMMAIRE : Combustions chimiques. — Soufre et salpêtre. — La flamme du soufre. — La lumière au sulfure de carbone. — Sulfure de carbone et bioxyde d'azote. — Expériences de Riche et Bardy sur le pouvoir lumineux des diverses lumières chimiques. — Conclusions.

Combustions chimiques. — La combustion de certains métaux, du soufre, du sulfure de carbone, dans des atmosphères soit fortement oxygénées, soit spéciales, s'opère avec un éclat, une intensité qui ont attiré l'attention des chercheurs et ont fait naître des méthodes particulières que nous étudierons dans ce Chapitre ; nous avons cru devoir donner à ces lumières, produites par des réactions chimiques, le nom de *lumières chimiques*.

La combustion du phosphore, du charbon, de l'acier, dans une atmosphère d'oxygène développe une température très élevée et par suite une lumière intense ; il a été fait quelques essais dans ce sens, mais qui ne paraissent pas avoir été couronnés de succès, ou tout au moins ne sont pas passés dans la pratique. C'est ainsi que Bœttger, en 1856, obtenait des portraits au daguerréotype en se servant de la lumière fournie par le phosphore brûlant dans l'oxygène.

Il en est de même des combustions spontanées du phosphore, de l'arsenic et de l'antimoine dans le chlore : ces deux derniers corps principalement, réduits en poudre fine et projetés dans un bocal plein de chlore, se combinent immédiatement pour former des chlorures et la réaction se fait avec un tel dégagement de chaleur qu'une très vive lumière, riche en rayons actiniques, est produite ; mais il se forme en même temps des fumées blanches qui ne sont point exemptes de danger, et cette méthode sommaire de laboratoire ne paraît pas avoir donné lieu à la recherche d'un appareil pratique. Du reste, en présence des résultats fournis actuellement par le magnésium, il ne semble pas qu'il y ait lieu de poursuivre les essais dans ce sens.

Soufre et salpêtre. — Spiller, en 1874, a essayé un procédé, déjà décrit dès 1837 par Griffin dans ses *Récréations chimiques,* et qui est le suivant. Dans une capsule de porcelaine on fait fondre, jusqu'à fusion ignée, du salpêtre pur ; on projette dans la masse fondue de la fleur de soufre par petites portions : l'oxygène à l'état naissant s'empare du soufre pour former de l'acide sulfureux, et la réaction se manifeste par de grandes flammes très brillantes, d'un grand pouvoir photogénique. Cette flamme est très blanche, mais elle est accompagnée de fumées assez épaisses et suffocantes d'acide sulfureux et de sulfure de potassium. Quoi qu'il en soit, Spiller a pu, par ce moyen, obtenir de très bonnes épreuves.

La flamme du soufre. — La flamme du soufre est très riche en rayons bleus; or ce sont ceux-là surtout qui impressionnent nos préparations actuelles, mais le soufre brûlant dans l'air ambiant n'émet qu'une flamme bleuâtre très courte et fort peu éclairante; pour lui donner l'intensité nécessaire, il est indispensable de lui fournir de l'oxygène en excès. De nombreux expérimentateurs, parmi lesquels nous citerons MM. Riche et Bardy, ont essayé de rendre cette lumière pratique. Le dispositif le plus habituel est le suivant : dans une coupelle de terre on allume du soufre et, au besoin, pour activer la combustion, on chauffe la coupelle; puis, au centre de la masse en ignition, on projette un jet d'oxygène; aussitôt il se produit une magnifique flamme d'un blanc bleuâtre très photogénique. En revanche, il se forme d'épaisses fumées d'acide sulfureux qui, si elles ne sont pas toxiques, provoquent tout au moins de pénibles accès de toux.

La lumière au sulfure de carbone. — Dans la séance du 1er mars 1872, à la Société française de Photographie, on avait signalé qu'en Angleterre on proposait de se servir de la lumière du sulfure de carbone activée par l'oxygène; M. Davanne a répété l'expérience et montré que la lumière était fort belle, mais il a donné en même temps les explications suivantes qui sont d'une telle importance et résumant si nettement les propriétés du sulfure de carbone, que nous croyons devoir les reproduire *in extenso :*

« Avant de conseiller dans les ateliers photographiques l'emploi du sulfure de carbone pour obtenir, par la combustion avec l'oxygène, une lumière très actinique, je crois qu'il est nécessaire de rappeler les principales propriétés de ce corps et de montrer les inconvénients et les dangers que peut entraîner l'usage d'un semblable agent. Le sulfure de carbone, formé par la combinaison de 6 parties de carbone et 32 parties de soufre, est un liquide incolore s'il est pur, très mobile, lourd, très volatil, et répandant une odeur fétide. Il suffit de déboucher dans une pièce un flacon de sulfure de carbone pour que cette odeur se répande immédiatement; sa vapeur, très lourde, très inflammable, présente les mêmes dangers que l'éther; le sulfure de carbone prend feu, en effet, dès qu'on approche un corps enflammé, et, même à très grandes distances, sa vapeur coule comme de l'eau pour aller s'enflammer sur des points éloignés du récipient.

» Si, dans un petit flacon d'oxygène, on ajoute quelques gouttes de sulfure de carbone, le mélange de gaz qui se forme s'enflamme au contact d'une allumette et produit une forte détonation; l'expérience doit être faite sur de très petites quantités, 100^{cc} d'oxygène au plus, et en ayant soin d'envelopper d'un linge le flacon, qui est le plus souvent brisé par la détonation. Si donc, dans une pièce, il se produit par inadvertance ou par accident une quantité un peu considérable de vapeur de sulfure de carbone, il suffira de la plus légère flamme pour produire une explosion des plus dangereuses. Enfin, la combustion du sulfure de carbone, soit par l'air, soit par l'oxygène pur, ne peut se faire que sous une cheminée capable d'enlever les produits de cette combustion, car il se forme en quelques minutes une quantité d'acide sulfureux gazeux assez considérable pour rendre inhabitable la pièce où se ferait l'expérience.

» La lumière qu'on obtient par cette réaction de l'oxygène sur le sulfure de carbone est calme, d'un bleu violacé très actinique et pouvant opérer, ainsi qu'on l'a constaté déjà depuis longtemps, des effets chimiques analogues à ceux que déterminent les rayons solaires, tels que l'union du chlore et de l'hydrogène, et c'est avec raison qu'au point de vue théorique on en propose l'emploi en Photographie; mais le procédé pratique consistant à brûler simplement le sulfure de carbone dans une assiette en insufflant dans la flamme un courant d'oxygène me semble trop primitif, et je pense que si cette idée doit passer dans la pratique, il faudra d'abord chercher un appareil qui puisse mettre l'opérateur à l'abri des émanations fétides de ce corps, des dangers sérieux d'explosion, des dégagements d'acide sulfureux, et jusque-là nous croyons devoir engager nos collègues à n'expérimenter qu'avec des précautions convenables et en tenant sérieusement compte des avis que nous avons cru devoir donner à ce sujet. »

Sulfure de carbone et bioxyde d'azote. — Cette question de la combustion du sulfure de carbone dans un courant de gaz oxydant a été reprise plus tard sous une autre forme : en 1874, E. Sell prenait en Angleterre un brevet pour l'exploitation d'une lampe au sulfure de carbone, alimentée par du bioxyde d'azote. D'une façon générale, l'appareil se composait d'une lampe à double courant d'air remplie de bisulfure de carbone ; pour éviter la production trop brusque de vapeurs, la lampe était soigneusement refroidie par un courant d'eau, qui circulait constamment dans une double enveloppe entourant le réservoir d'huile. Le bioxyde d'azote était envoyé sous faible pression dans le tube central de la mèche et était rejeté vers la flamme par un cône métallique. La lumière obtenue était très actinique, mais, comme il est facile à prévoir, les résidus de la combustion donnaient une vapeur suffocante d'acide sulfureux.

A la séance de novembre 1874, la Société française s'est occupée d'une lampe semblable, présentée par MM. Delachanal et Mermet. Les auteurs produisent économiquement le bioxyde d'azote par la réaction de l'acide sulfurique dilué, l'acide nitrique et le fer. Le gaz traverse un flacon rempli de pierre ponce imbibée de sulfure de carbone où il se sature des vapeurs de ce corps, puis passe dans un tube de sûreté, dans lequel on a tassé de la tournure de fer, il vient enfin brûler librement à l'extrémité du tube abducteur.

La flamme a une couleur bleuâtre, d'une grande douceur, très actinique ; le jet enflammé atteint jusqu'à 25^{cm} de hauteur avec un diamètre de 4^{cm} à 5^{cm}. Des épreuves comparatives faites par les auteurs, il paraîtrait ressortir que cette lumière a un pouvoir actinique supérieur à celui du magnésium (?).

M. Peligot, présidant la séance, tout en admettant la possibilité du grand pouvoir actinique de cette lumière, a insisté sur les dangers que présente la manipulation de ces deux corps et a fait remarquer combien dangereux étaient les produits de leur combustion.

Expériences de Riche et Bardy sur le pouvoir lumineux de diverses lumières chimiques. — En 1875, MM. Riche et Bardy ont publié, dans le *Bulletin de la Société française de Photographie* (1), une Note très documentée sur le pouvoir lumineux de diverses sources de lumières artificielles : ils ont plus particulièrement étudié les conditions favorables à la production de la lumière, soit du soufre brûlant en présence de

(1) *Bulletin de la Société française de Photographie*, 1875, page 71.

l'oxygène, soit du sulfure de carbone brûlant dans l'oxygène ou le bioxyde d'azote. Ils ont déterminé le pouvoir de chacune de ces lumières en exposant des plaques sensibles sous une sorte de photomètre : Voici les résultats de leurs expériences.

« Les plaques sensibles étaient à 50^{cm} de la source de lumière et l'exposition durait soixante secondes, que l'on mesurait avec un chronomètre. Les plaques sensibles étaient enfermées dans un châssis sous un écran formé de 10 feuilles de papier ciré superposées de 2^{cm} de large et de longueur variable. L'une avait 10^{cm}, et par conséquent elle recouvrait exactement la plaque sensible ; la deuxième en avait 9, et la troisième 8 et ainsi de suite, de telle sorte que la dixième feuille n'avait que 1^{cm} de longueur. Ces feuilles étaient serrées entre une lame de verre d'un côté et une lame de corne de l'autre ; celle-ci portait en noir les chiffres de 1 à 10 disposés à égale distance, de façon que le chiffre 1 fût sous la partie correspondant à une seule feuille, et le chiffre 10 sur la partie correspondant aux dix feuilles superposées.

» On obtient ainsi un écran dont l'opacité est proportionnelle au nombre de feuilles superposées et se trouve indiquée par les chiffres. Si, par exemple, on n'aperçoit après une expérience que les chiffres 1 et 2, et que, dans une autre, on voit les chiffres 1, 2, 3, 4, 5, on en conclut que la puissance photogénique de la seconde lumière est à celle de la première comme 5 est à 2.

» Toutes les plaques ont été développées ensemble ; chaque essai a été exécuté en double : le Tableau suivant résume les principaux résultats :

NATURE DE LA LUMIÈRE.	CHIFFRES VISIBLES.	
	Essai n° 1.	Essai n° 2.
Lumière oxhydrique	1	1
Lumière Drummond	3	3
Zinc brûlant dans l'oxygène	»	4
Lampe à magnésium	5	5
Courant de bioxyde d'azote dans un flacon contenant du sulfure de carbone	6	6
Jet de bioxyde d'azote sur un têt contenant du sulfure de carbone	6	7
Jet d'oxygène sur un têt contenant du sulfure de carbone.	7	7
Jet d'oxygène sur un têt contenant du soufre	8	8

» En conséquence, c'est la lumière obtenue par l'action de l'oxygène sur le soufre qui nous a paru douée de la plus grande activité sur le bromure d'argent, et nous n'hésitons pas à en recommander l'essai dans la pratique. »

Nous ferons remarquer que, dans ces expériences, on a exposé les plaques à la lumière directe, ce qui n'est pas, tout au moins pour les phototypes, la condition normale, puisque le cliché n'est produit que par les rayons réfléchis par le modèle; par suite, cette méthode ne tient compte ni de cet affaiblissement de lumière ni des colorations qu'elle a pu prendre : c'est ce que nous avons essayé d'éviter en employant la méthode Houdaille. (*Voir* Seconde Partie).

Conclusions. — D'autres procédés de lumières chimiques ont été expérimentés; nous citerons, par exemple, les essais de Monckhoven sur l'hydrogène chargé de vapeurs d'acide chlorochromique : ayant remarqué que le zirconium donne dans le spectre des raies brillantes dans le violet et l'ultra-violet, il avait cherché à constituer une source puissante en faisant brûler du zircone dans le chlore. Mais, d'une façon générale, tous ces procédés ont le grave défaut de fournir des fumées nocives, ils sont d'un maniement peu commode, nécessitant un matériel assez compliqué, mais comme d'autre part la lumière qu'ils donnent est extrêmement actinique, il convenait de les signaler, car ils peuvent, à un moment donné, trouver leur emploi dans une installation fixe et pour un but spécial.

CHAPITRE IV.

LE GAZ ET LES HUILES D'ÉCLAIRAGE.

SOMMAIRE : Généralités. — Éclairage au gaz. — Lumière oxhydrique. — Bec à incandescence Clamond. — Bec Auër. — Méthode d'emploi. — Les lampes à huile

Généralités. — La lumière du gaz n'a pas une intensité considérable; on est arrivé cependant, dans ces derniers temps, à accroître beaucoup son pouvoir lumineux, grâce à des becs spéciaux, dits *becs intensifs*, créés par la nécessité de la lutte moderne du gaz contre l'électricité. La flamme de gaz n'atteint pas de hautes températures et elle est, par suite, très riche en rayons rouges et jaunes; elle ne fournit du reste qu'un spectre très pâle et peu étendu; elle contient peu de corps solides dont l'incandescence aurait augmenté son pouvoir lumineux, aussi a-t-on cherché par des artifices divers à compenser ces défauts. Par un tirage forcé (lampe Widemann), on s'est efforcé d'augmenter la température; d'autres inventeurs, tels que Clamond et Auër ont mis dans la flamme des oxydes irréductibles qui, portés à l'incandescence, ont augmenté le pouvoir lumineux et en même temps ont fourni des rayons actiniques.

D'autres inventeurs ont cherché à carburer le gaz; tel est le but du bec connu sous le nom d'*albo-carbon*, dans lequel de la vapeur de naphtaline en se mêlant au gaz apporte un contingent de molécules de carbone, qui, par leur incandescence, augmentent le pouvoir éclairant de la flamme.

Nous avons dit que le gaz d'éclairage ne donnait par lui-même qu'une température relativement basse, bien inférieure à celle de la combustion de l'hydrogène pur. Ce dernier, en revanche, ne contenant aucune particule solide, brûle avec une flamme très chaude, mais sans éclat; si on l'alimente avec de l'oxygène, la température s'accroît d'une manière considérable, et le jet ainsi formé projeté sur une matière irréductible par la chaleur, telle que la chaux ou la magnésie, ne tarde pas à la porter à l'incandescence, et une magnifique lumière éblouissante est ainsi produite. On sait que cette méthode, découverte en 1824, porte le nom de son inventeur : c'est la lumière Drummond ou lumière oxhydrique.

Telles sont, en leurs grands traits, les phases diverses de l'éclairage au gaz, nous allons voir comment le photographe a su en tirer partie.

Éclairage au gaz. — Le premier emploi de la lumière du gaz aurait été, dit-on, fait à Londres, dans les ateliers de Law, de Newcastle. Il se servait d'une lampe à gaz système Wigham, sorte de bec intensif comprenant plusieurs couronnes concentriques de gaz enflammé; en arrière du bec, était disposé un grand réflecteur ayant une superficie d'environ 1^mq composé de fragments de glaces argentées et striées pour mieux diffuser la lumière.

Le *Photographic news* a publié un article très complet sur cette installation et nous en extrayons les renseignements suivants : le brûleur Wigham se compose de 68 jets de gaz et a un pouvoir éclairant d'environ 1250 bougies. On comprend qu'un pareil foyer de lumière était en même temps un foyer de chaleur considérable, qui devait d'autant plus incommoder le sujet que le réflecteur parabolique de l'arrière concentrait sur lui toute la chaleur rayonnante; aussi a-t-on été obligé d'interposer un grand écran de verre bleuâtre qui, laissant passer toute la lumière actinique, arrêtait les rayons calorifiques obscurs. Le temps d'exposition avec des plaques extra-sensibles (pour l'époque) de Swan était de huit à dix secondes pour une carte de visite, de vingt à soixante pour un portrait album. Nous trouvons maintenant que c'est beaucoup, à l'époque cela parut un résultat inespéré.

En Amérique, plus tard, on a conseillé l'emploi de lampes à gaz, placées dans le haut de l'atelier et formant divers groupes, de manière à diffuser la lumière de tous côtés; il ne paraît pas que cette méthode soit entrée d'une manière courante dans la pratique.

Lumière oxhydrique. — La lumière oxhydrique a été essayée en 1869 par Monckhoven, qui a préconisé l'emploi de cylindres de carbonate de magnésie mélangé d'acide titanique.

M. A. Fryer a cherché des succédanés au bâton de chaux dans la lumière oxhydrique; il a trouvé que le sulfate de magnésie calciné donnait une très belle lumière, mais, par suite de sa décomposition, il se forme de l'acide sulfureux dont les émanations non seulement sont malsaines à respirer, mais attaquent très rapidement les parois de la lanterne. Il s'est arrêté à un mélange de 1 partie de sulfate de chaux et 2 parties de magnésie calcinée; le mélange est légèrement pétri avec de l'eau, moulé en bâtons et séché. D'après lui, le pouvoir lumineux de ce mélange est à celui de la chaux pure comme 54 est à 27; c'est près du double ([1]).

En 1874, Hanneker se servait d'un chalumeau dans lequel le gaz était remplacé par une flamme d'alcool, le cylindre incandescent était composé de carbonate de chaux, de magnésie et d'un silicate naturel de magnésie, l'*olivine:* ces matières mises en poudre étaient intimement mélangées et comprimées à la presse hydraulique.

Les modèles de lampes oxhydriques ont varié à l'infini et il ne nous est pas possible d'en étudier ici les multiples transformations ([2]).

Lorsqu'on emploie la lumière oxhydrique, il est bon de ne pas la diriger directement sur le sujet qu'elle gênerait, en l'éblouissant, et aurait l'inconvénient d'accentuer les ombres, comme nous l'avons démontré dans le Chapitre I. Il est préférable de la recevoir sur de grands réflecteurs d'un blanc mat, qui diffusent la lumière, et pour empêcher la dureté des ombres, il sera bon d'user d'au moins deux foyers, dont la lumière de l'un sera affaiblie par des verres bleuâtres ou des écrans convenables.

Bec à incandescence Clamond. — En 1882, un ingénieur, Clamond, a construit un bec qui porte son nom et qui donne une magnifique lumière blanche. Il se compose essentiellement d'une boîte métallique dans laquelle le gaz s'échauffe en passant à travers des cloisons disposées en chicane, en même temps il se mélange d'une certaine quantité d'air sous pression et, lorsqu'il vient brûler à l'orifice supérieur, il fournit, comme le bec Bunsen, une flamme très chaude mais fort peu éclairante; cette flamme est dirigée sur une petite corbeille, de forme conique, constituée par des sortes de vermicelles en magnésie.

On forme une pâte plastique à l'aide de magnésie en poudre et d'une solution d'acétate de magnésie; cette pâte, comprimée dans un cylindre sort par une petite ouverture en un vermicelle de 2^{mm} de diamètre environ et s'enroule sur un mandrin conique en bois; on a soin de croiser les brins pendant cet enroulement. Cette petite corbeille, d'abord séchée, puis recuite, est maintenue sur le bec par une armature de platine.

([1]) *Moniteur de la Photographie*, 1862, page 31.

([2]) Nous renverrons le lecteur que cette question intéresserait à notre livre *La pratique des projections* (Gauthier-Villars et fils; 1892). Cette question ainsi que les méthodes de production de la lumière oxhydrique y sont traitées au complet.

Le bec le plus puissant consomme 500^{lit} de gaz à l'heure et 3^{mc} d'air sous pression, il produit une puissance lumineuse d'environ 18 becs Carcel : la lumière est très belle et a été employée dans les mêmes conditions que la lumière oxhydrique.

Bec Auër. — Le Dr Auër, en 1887, a présenté un bec à incandescence très ingénieux (*fig.* 1) : il se compose essentiellement d'une sorte de

Fig. 1.

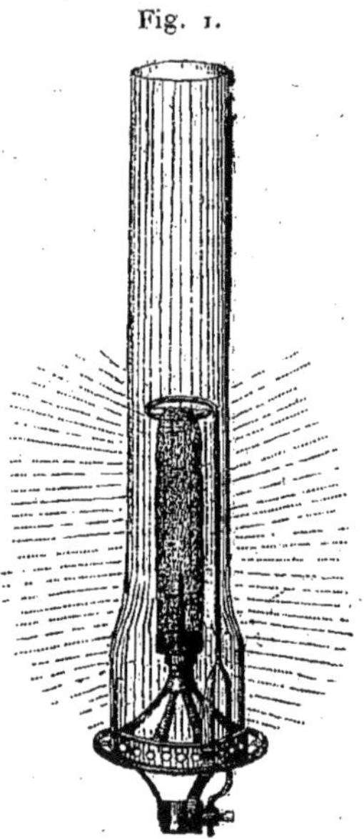

Bec Auër.

brûleur Bunsen au-dessus duquel est suspendu un capuchon qui devient incandescent lorsqu'on allume le gaz; ce capuchon est formé d'un tissu de coton pur imprégné de sels de métaux difficilement réductibles, tels que le zirconium, le didyme, etc. Ce capuchon est placé dans la flamme d'un puissant chalumeau qui brûle le coton, laissant un tissu composé simplement des oxydes des métaux dont il était imprégné ; ce sont ces oxydes qui sont portés à l'incandescence par le bec Bunsen et fournissent une vive lumière blanche remarquable par sa fixité. L'emploi de plusieurs becs Auër munis de réflecteurs convenables a été tenté dans quelques ateliers parisiens et a donné d'excellents résultats. Le seul défaut que nous pourrions reprocher à ces becs est le suivant : il n'est guère possible de les changer de place, surtout lorsqu'ils sont en ignition, sans risquer de briser le léger tissu d'oxydes.

Méthode d'emploi. — Les lumières au gaz nécessitent des installations fixes et ne peuvent être, par suite, utilisées que dans les ateliers. D'une façon générale, nous dirons que les appareils doivent être placés à une certaine hauteur pour donner autant que possible des effets se rapprochant de ceux produits par la lumière naturelle. Il y aura lieu de multiplier les foyers, pour bien diffuser la lumière et combattre la dureté des ombres portées, et, d'autre part, il sera utile qu'un des foyers ait plus de puissance que les autres pour fournir les effets de lumière directe. Mais, d'une façon générale, ces sources, insuffisamment actiniques, exigeront toujours des poses un peu allongées.

Pour les agrandissements, elles sont d'un emploi très commode et, dans ce sens, elles sont d'un usage très fréquent; ajoutons que, grâce à la sensibilité des préparations actuelles, la lumière du gaz d'éclairage est parfaitement suffisante pour obtenir des photocopies soit sur verre, soit sur papier au gélatinobromure. Des expositions de quinze à vingt secondes à 50^{cm} ou 60^{cm} d'un bec de gaz suffisent le plus souvent pour obtenir au châssis-presse de bonnes reproductions : on a ainsi une image latente qui se développe par les procédés habituels.

Les lampes à huile. — Les lampes à huile végétale, huile d'olive, de colza, de noix, etc., ne fournissent qu'une lumière rougeâtre très peu actinique et, par suite, impropre à la production des clichés, mais qui cependant pourra être employée pour les agrandissements et les tirages au châssis de photocopies.

Les huiles minérales donnent une lumière plus éclatante et sont dès lors de bon emploi dans les lanternes d'agrandissement; on a cherché à plusieurs reprises à les employer pour faire le portrait en atelier, mais ces huiles sont trop riches en rayons jaunes et exigent de fortes poses. En Russie, on a fait des essais dans le but de les utiliser pour les reproductions : on se servait d'une sorte d'essence de pétrole, le kerosène, qui, paraît-il, donnait de bons résultats. A l'heure actuelle, on ne peut se servir du pétrole et des autres huiles minérales que pour les agrandissements et les tirages au châssis.

Phototype Nadar.

UNE FONTAINE DANS LES CATACOMBES.

Photographie obtenue, vers 1861, par M. Nadar à la lumière électrique.

CHAPITRE V.

LUMIÈRE ÉLECTRIQUE.

SOMMAIRE : La lumière électrique. — Les régulateurs électriques. — Lampe électrique de Way. — Les générateurs d'électricité. — L'électricité dans les ateliers. — La lampe Liébert. — Conclusions.

La lumière électrique. — La lumière électrique est fournie soit par les piles, soit par des machines dites, dans le langage des ateliers, *dynamos;* dans les premières, l'électricité est produite par une réaction chimique; dans les secondes, l'énergie-force est transformée en énergie électrique. Il n'entre pas dans notre cadre d'étudier ces deux sortes de sources d'électricité, nous nous contenterons de faire remarquer que, quel que soit son mode de provenance, l'électricité donne lieu à deux méthodes distinctes d'éclairage : la lumière par incandescence, la lumière par arc.

La lumière par incandescence est très riche en rayons rouges et jaunes et ne convient guère pour les applications photographiques; cependant ce que nous venons de dire s'applique surtout aux lampes à filament de charbon, car les lampes au platine, telles que celle du système Lontin, par exemple, donnent une lumière très actinique. Cependant il est juste d'ajouter que des études sont faites pour obtenir des lampes à incandescence intensives.

La lumière par arc est de beaucoup supérieure, au point de vue photographique : elle a un meilleur rendement, donne un spectre très complet et très étendu. Elle présente en revanche un défaut, c'est que, produite en un espace très resserré, elle donne lieu à des effets heurtés : très grandes lumières, ombres très profondes, sans ces demi-teintes qui modèlent et accusent doucement les formes.

Aussi, après les premiers essais qui datent de 1841, cette source de lumière restait inutilisée parce qu'on n'avait pas eu l'idée de la rendre pratique en la diffusant. Nadar, puis, beaucoup plus tard, Liébert ont imaginé des dispositifs qui ont rendu cette lumière très pratique. Nous reviendrons plus loin sur les appareils de ces deux habiles opérateurs.

Les régulateurs électriques. — On sait que les appareils qui servent à produire la lumière par arc se nomment *régulateurs électriques*. Les modèles sont des plus nombreux, mais ils reviennent tous à un principe commun qui est le suivant : l'arc électrique doit se produire entre deux crayons de charbon de cornue ; au début, les deux charbons sont au contact ; le courant, en passant de l'un à l'autre, éprouve, au contact imparfait des charbons, une certaine résistance qui se traduit par une transformation de l'énergie électrique en énergie calorifique : les deux pointes des crayons sont aussitôt portées au rouge ; si à ce moment on les sépare d'une petite quantité, un arc extrêmement lumineux s'élance d'un charbon à l'autre, il y a en même temps transport de la matière incandescente, et, sous cette action, l'un se creuse tandis que l'autre s'effile en pointe. Si le courant est continu, c'est-à-dire marchant toujours dans le même sens, on ne tarde pas à s'apercevoir que l'un des charbons s'use presque deux fois plus vite que l'autre. Dès que, par cette usure continue, l'écartement entre les deux pointes est devenu trop grand, l'arc s'éteint et il y a lieu de recommencer la série des opérations. Le but des régulateurs sera donc : 1° d'assurer au début le contact des charbons ; 2° de les éloigner d'une quantité donnée, celle qui a été reconnue comme donnant l'arc maximum ; enfin 3° d'entretenir cet écartement à la même valeur en faisant progresser les charbons avec une vitesse proportionnelle à leur usure. Si Archereau a trouvé le premier régulateur, c'est Foucault qui a établi le premier modèle rationnel ; Serrin et une multitude d'autres constructeurs ont apporté des modifications successives, mais le problème à résoudre reste toujours le même, les solutions mécaniques seules ont changé.

A côté de ces lampes, il y en a toute une série nouvelle dont la bougie Jablochkoff est un des types principaux ; on a, par des méthodes ingénieuses, organisé les mécanismes de telle sorte que la lampe puisse fonctionner soit avec des courants continus, soit avec des courants alternatifs. Nous ne pouvons nous appesantir plus longuement sur cette question, le lecteur curieux trouvera dans les livres spéciaux les détails complets à ce sujet.

Lampe électrique de Way. — Il est cependant une lampe électrique sur laquelle nous devrons nous arrêter un instant, d'abord parce qu'elle est une très originale méthode des transformations de l'énergie électrique en lumière, et ensuite parce qu'elle a eu un instant de vogue dans le monde photographique, qui avait basé sur elle de grandes espérances.

Nous voulons parler de la lampe au mercure de Way. Cette lampe se composait essentiellement de deux boules de fer communiquant l'une au pôle positif d'une pile de trente éléments Bunsen, l'autre au pôle négatif : un mince filet de mercure tombant de la sphère supérieure dans la seconde s'illuminait au passage du courant, et, pour éviter à l'opérateur l'aspiration des vapeurs mercurielles produites, le tout était enfermé dans un cylindre de verre hermétiquement clos. Cette lumière, d'un aspect tout particulier, légèrement verdâtre, donnait un spectre discontinu dans lequel la partie jaune avait disparu : les parties vert bleu, bleues et violettes étaient très brillantes, tandis que le rouge, l'orange et le vert jaune étaient très pâles; cet ensemble constituait une lumière très actinique et employée à impressionner les positifs sur albumine, elle activait beaucoup le travail : on admettait qu'en moyenne, cinq minutes suffisaient pour le tirage d'un cliché moyen posé à environ 80^{cm} de la source lumineuse.

D'un autre côté, cette lumière monochrome modifiait étrangement les couleurs des objets. Les roses du visage prenaient une teinte livide bleuâtre, les objets verts avaient une couleur gris-lavande. Cet appareil, qui a été un instant très étudié, a été rapidement abandonné à cause des vapeurs mercurielles très nocives qu'il produisait. Cependant la tentative était curieuse et méritait d'être notée.

Les générateurs d'électricité. — Au début, l'électricité n'était produite qu'à l'aide des réactions chimiques effectuées dans un appareil appelé *pile :* en réalité, pour obtenir de la lumière, on *brûlait* du zinc, c'était déjà très cher; mais, d'autre part, il fallait au moins 50 couples Bunsen pour produire un arc assez lumineux, et cette pile énorme, outre la difficulté des manipulations, présentait le grave défaut d'émettre des vapeurs nitreuses irrespirables (acide hypoazotique); on conçoit que ces raisons faisaient reculer les photographes devant l'emploi de la lumière électrique (1).

(1) Nous ne parlerons pas des accumulateurs qui, dans le fond, ne sont qu'une variété de piles et offrent la plupart des inconvénients de celles-ci.

Et c'est pourtant avec un appareil de ce genre que Nadar, ce chercheur audacieux, qui a toujours été un précurseur dans toutes les applications photographiques, c'est avec une encombrante pile de Bunsen, montée sur wagonnets, que Nadar est parti à la découverte photographique des sous-sols parisiens, catacombes et égouts. Avec son humour et sa verve charmante, il a conté, dans *Paris-Photographe,* ses luttes obstinées pour arriver aux merveilleux clichés qu'il a rapportés de ce monde souterrain. Et les brusques extinctions de lumière au moindre faux contact et les poses arrêtées par une coulée d'eau chaude dont les vapeurs formaient un impénétrable brouillard. Il fallait la ténacité de Nadar pour arriver au résultat, mais on conviendra que ce n'était pas un procédé à la portée... de toutes les patiences (1).

La production de l'électricité par les machines a fait changer de face la question : ici c'est de la houille à bon marché ou du gaz qu'on brûle, les appareils peuvent être montés à distance de la lampe et être rendus silencieux; nous voyons même, dans nombre de villes, l'électricité distribuée par des canalisations comme le gaz; pour un atelier, pour une installation fixe, l'électricité devient ainsi des plus pratiques.

L'électricité dans les ateliers. — Nadar, en 1861, employait pour le portrait un régulateur Serrin mis en action par une pile de 50 éléments Bunsen. L'appareil était disposé à 2^{m},50 de hauteur au-dessus et en arrière de la chambre noire; il était muni d'un réflecteur recouvert d'une couche de craie pour diffuser la lumière; grâce à la hauteur du point lumineux, on évitait d'incommoder le modèle, mais la pose variait d'une minute à une minute et demie.

La lampe Liébert. — Nous avons dit plus haut les inconvénients d'un tel dispositif, mais nous remarquerons qu'ici Nadar avait cherché avant tout à diffuser la lumière pour éviter les duretés que donnent les rayons directs; cette question a été reprise plus tard, en 1878, croyons-nous, par Van der Weyde, qui a supprimé complètement ces rayons directs et ne s'est plus servi que de la lumière diffuse. Sous le nom de *procédé américain,* M. Liébert a introduit en France ce dispositif dont nous emprunterons la description au journal *la Nature* (2) :

---

(1) Une de nos planches (*Pl. II* placée en tête de ce Chapitre), *Une fontaine dans les Catacombes,* montre les résultats remarquables obtenus par Nadar en 1861.

(2) *La Nature,* 5 décembre 1886, n° 444, page 5.

« Une demi-sphère de 2^{m} de diamètre environ, et servant de réflecteur, est suspendue au plafond, de façon à présenter sa cavité face au sujet qu'il s'agit de photographier.

» Cette demi-sphère porte deux crayons de charbon de cornue, dont l'un est fixe, et dont l'autre est rendu mobile par un pas de vis. Les charbons sont rapprochés en faisant entre eux un angle droit. C'est, en somme, un régulateur à main, avec cette seule différence qu'il n'y a pas de mécanisme, que les charbons sont rapprochés, au fur et à mesure de leur usure, au moyen du charbon mobile. A chaque pose il faut mettre les deux charbons au point. La durée de pose est si courte que la lumière ne peut venir à manquer.

» La nouveauté du système adopté par M. A. Liébert consiste en ce que la lumière électrique ne vient pas tomber directement sur le modèle. Cette lumière se trouve d'abord projetée sur un obturateur qui, à son tour, la renvoie sur les parois du réflecteur, qui sont d'une éblouissante blancheur, de telle manière que les rayons lumineux, ainsi dispersés, ainsi divisés, viennent positivement inonder la personne dont l'image doit être reproduite.

» La clarté est superbe, le visage est doucement éclairé, sans duretés, sans ombres exagérées. Les yeux supportent le brillant éclat de cette lumière sans aucune fatigue, sans avoir à souffrir de scintillements désagréables. La lumière électrique ainsi employée est produite par une machine dynamo-électrique de Gramme, type d'atelier, qu'un moteur à gaz de quatre chevaux fait marcher à raison de 900 tours par minute. »

Dans son *Aide-mémoire de Photographie* de 1888, M. Fabre a ainsi décrit l'agencement électrique d'un très grand atelier de Paris :

« Depuis quelque temps, on emploie dans l'atelier Walery un mode d'éclairage électrique donnant de très bons résultats. La personne qui va poser est introduite dans une pièce largement éclairée par des lampes à incandescence, dont la lumière douce ne fatigue pas les yeux. Lorsque la pose est arrêtée, deux fortes lampes à arc sont immédiatement actionnées par le courant; elles sont placées derrière le modèle qui ne les voit pas et n'en éprouve aucune fatigue; elles répandent une lumière générale intense, très diffusée, qui reflétée par des écrans sur le sujet, donne l'éclairage qu'il plaît à l'opérateur de choisir. Le temps de pose varie de trois à cinq secondes pour un buste format carte album. »

Il y a là une très heureuse application des deux systèmes d'éclairage. La lumière par incandescence, qui donne ce que j'appellerai l'image physique, c'est-à-dire facilité d'arrangement du modèle et de mise au point, et la lumière par arc, qui fournit au dernier moment les rayons actiniques utiles pour impressionner la plaque.

Conclusions. — Il est certain que, dans des installations fixes, la lumière électrique peut rendre de réels services et permettre au professionnel d'opérer à n'importe quelle heure et quel moment de l'année; les progrès incessants de cette branche de la Science seront mis de plus en plus à profit par les photographes, et l'extension de cette lumière qui, produite dans des usines centrales, se canalise maintenant comme l'eau et le gaz, en facilitera l'introduction dans tous les ateliers : il ne s'agira plus alors que de tourner un commutateur pour inonder la salle de pose d'une magnifique clarté.

Il arrivera même que le photographe pourra utiliser dans nombre de cas les illuminations intensives produites dans les lieux publics; ainsi, dans nos théâtres de féeries plus particulièrement, certaines scènes, les apothéoses, sont éclairées avec une profusion de lampes électriques; il y a trois ou quatre ans déjà, MM. Mareschal et Balagny ont pu obtenir, avec une pose modérée, une des apothéoses d'une féerie au théâtre du Châtelet, au cours même de la représentation.

Enfin l'électricité, surtout la lumière par arc, est utilisée dans nombre d'ateliers industriels pour impressionner les planches de zinc au bitume de Judée destinées aux tirages aux encres grasses. Grâce à elle, le temps de pose est extrêmement réduit, mais, de plus, il est facile de régler la longueur de ce temps de pose avec une grande précision, puisque le foyer lumineux est immuable. Le bitume de Judée, si peu sensible à la lumière du jour, surtout à la lumière diffuse qui exige parfois plusieurs jours, peut être impressionné en trente et trente-cinq minutes au plus; on voit qu'il y a là un progrès évident.

CHAPITRE VI.

LE MAGNÉSIUM.

Sommaire : La chimie du magnésium. — Combustion du magnésium. — La lumière du magnésium. — Alliages de magnésium. — Essai du magnésium. — Méthodes de combustion du magnésium. — Les fumées du magnésium. — La lanterne Meydenbauer. — Lanterne Sardnal. — Appareils Bourchani et Brichaut. — Photo-fumivore Brichaut. — Installations fixes : modèle Londe. — Les brûlures du magnésium.

La chimie du magnésium. — En 1827, Bussy, en traitant par la chaleur, d'après la méthode de Wœlher, le chlorure de magnésium mêlé à du potassium pur, déterminait vers le rouge sombre la substitution du potassium au magnésium; la réaction s'accomplissait avec une vive déflagration et, lorsque le creuset était refroidi, on trouvait au fond de petits globules de magnésium, empâtés dans une gangue blanche de chlorure de potassium, éliminée ensuite facilement par des lavages.

Bunsen, de son côté, isola le magnésium à l'aide de la pile; mais ces divers moyens n'étaient guère industriels, et le métal, produit de laboratoire, était extrêmement coûteux.

Plus tard, MM. Deville et Caron, reprenant la méthode qui avait si bien réussi au premier pour l'extraction de l'aluminium, obtenaient le magnésium par les procédés industriels suivants :

On chauffe un mélange de 6 parties de chlorure de magnésium anhydre, 1 partie de chlorure de potassium, 1 partie de fluorure de calcium et 1 partie de sodium en petits morceaux. On pousse au rouge en brassant bien la matière et on laisse refroidir : par lévigation on sépare les nodules de magnésium qu'on purifie par une nouvelle fusion.

Si l'on veut obtenir du métal absolument pur, on le distille dans une atmosphère non oxydante, dans un courant d'hydrogène, par exemple.

Le magnésium est un métal blanc assez semblable à l'argent, mais d'une teinte un peu plus bleuâtre; il pèse six fois moins que ce métal; sa densité, en effet, est de 1,74. Par ses propriétés générales, il se rapproche beaucoup du zinc; inaltérable à l'air sec, il se recouvre assez vite dans l'air humide d'une couche blanche de magnésie, qui s'oppose à une altération plus profonde.

Combustion du magnésium. — Le magnésium brûle avec une magnifique lumière, très riche en rayons violets, par suite très actinique; mais sa combustion se fait surtout avec un très grand éclat dans une atmosphère d'oxygène; notons qu'il brûle aussi dans le chlore, les vapeurs de brome, d'iode et de soufre.

Pour que le magnésium brûle bien, il faut qu'il soit placé dans une flamme très chaude, car il ne s'enflamme que lorsqu'il a été porté au rouge; cette condition explique pourquoi certaines lampes au magnésium n'ont qu'un faible rendement; la flamme dans laquelle est projetée la poudre n'a pas assez de puissance calorifique pour porter le métal au rouge, ou inversement la projection de la poudre est trop brusque et le métal, dans son rapide passage, n'a pas le temps d'acquérir la température voulue et une grande partie échappe à la combustion; c'est du reste une question sur laquelle nous reviendrons, car il y a lieu d'insister sur ce point.

Des expériences entreprises par Bunsen et Roscoë en 1859, il résulte qu'un fil de $\frac{3}{10}$ de millimètre donne, en brûlant, une lumière équivalente à celle de 74 bougies. Comme nous l'avons dit, l'éclat est beaucoup augmenté si la combustion se produit dans l'oxygène, le pouvoir éclairant peut alors atteindre jusqu'à 110 bougies.

Dans ses expériences de photométrie, Bunsen a cru pouvoir évaluer l'intensité de la lumière au magnésium à la cinq cent vingt-cinquième partie de l'intensité de la lumière solaire.

La combustion du métal donne lieu à une épaisse fumée blanche de magnésie qui se dépose en poudre impalpable et très tenace sur les objets environnants; c'est là, comme nous le verrons, un inconvénient très sérieux du procédé.

Dès les débuts de la Photographie, cette lumière fut mise à contribution et permit d'obtenir des épreuves en des lieux que n'atteignaient jamais les rayons du jour : c'est ainsi que Piazza Smith put photographier l'intérieur de la grande pyramide et les sombres hypogées de la Haute-Égypte. Avec les préparations lentes au collodion, il importait que l'illumination ait une certaine durée et, dans ce but, on brûlait du magnésium en fil.

Plus tard, avec les préparations plus sensibles au gélatinobromure, la durée de l'illumination put être considérablement réduite et dès lors surgirent deux méthodes distinctes : dans l'une, on projette de la limaille fine de magnésium dans une flamme très chaude; dans l'autre, on prépare de véritables poudres pyrotechniques dans lesquelles le magnésium joue le rôle d'éclairant et qu'on a appelées *photopoudres* et aussi avec juste raison *photo-éclairs,* pour rappeler la rapidité avec laquelle se produit la combustion.

Ces deux méthodes ont donné lieu à un tel nombre de procédés divers et ont été si discutées, les uns tenant pour la première, les autres pour la seconde, que nous croyons devoir consacrer à chacune un Chapitre distinct.

La lumière du magnésium. — Rogers, dans l'*American Journal of Science,* a fait une étude complète de la lumière du magnésium à laquelle nous empruntons les passages suivants :

« D'après les travaux de Pickering, le spectre de la lumière magnésienne est celui qui, de toutes les lumières artificielles, se rapproche le plus du spectre solaire. La température de la flamme du magnésium est d'environ 1340° C.; l'aspect du spectre, cependant, semblerait indiquer une température de 5000° C., température ordinaire de l'incandescence. Son efficacité radiante (radiant efficiency) (¹), c'est-à-dire le rapport de son énergie lumineuse (actinisme) à son énergie radiante totale, est de 13,5 pour 100, valeur la plus haute atteinte par les sources artificielles de lumière, si ce n'est peut-être la lumière de l'étincelle électrique dans le vide. L'énergie radiante émise par la combustion du magnésium est d'environ 4630 calories par gramme de métal brûlé, ou 75 pour 100 de la chaleur totale développée par cette combustion; un bec de gaz, dans les mêmes circonstances, ne donne que 15 à 20 pour 100. Des expériences directes ont montré que la chaleur développée par la combustion du métal dans l'oxygène est au minimum de 6010 calories par gramme de métal consumé. »

Nous avons cité ce passage, dont certains chiffres cependant nous semblent excessifs, en particulier les températures atteintes dans la combustion du magnésium, mais, d'une manière générale, il montre quelle activité, quel actinisme, ont les rayons magnésiens, et cela explique la possibilité de faire des photographies avec des quantités minimes de métal d'une part, et en diaphragmant fortement l'objectif, d'autre part.

(¹) C'est ce que A. Buguet a proposé d'appeler « rendement graphique », expression très heureuse que nous voudrions voir entrer dans la pratique courante

De son côté, Eder, étudiant le rendement des trois modes d'emploi du magnésium, arrive aux conclusions suivantes : pour 1^{gr} de magnésium brûlé, l'énergie est de :

Pour le ruban....................	65000 rads (1).
Pour la poudre pure..............	100000 »
Pour les photopoudres............	45000 »

D'après lui, les photopoudres auraient un rendement de beaucoup inférieur aux deux premiers, et la poudre pure le meilleur rendement : ce résultat serait dû à la perte de chaleur exigée par la décomposition du chlorate de potasse et des autres matières employées.

Alliages de magnésium. — Dans les commencements, le magnésium coûtait fort cher et c'était une cause prohibitive à son emploi, aussi avait-on cherché à diminuer le prix de revient en préparant des alliages de magnésium et de zinc; ce dernier métal brûle aussi avec une belle flamme blanche et à la même température, 420° environ. Mais il donne en brûlant une très épaisse vapeur qui se résout en touffes floconneuses, connues par les anciens alchimistes sous le nom de *Lana philosophica*.

Du reste, ces divers alliages, soit directs, c'est-à-dire par fusion, soit indirects, c'est-à-dire consistant à tresser deux fils de magnésium avec un fil de zinc, n'ont donné que des résultats très inférieurs à ceux du métal pur et ont été abandonnés; nous verrons plus tard, en effet, que le zinc a un pouvoir éclairant très minime.

Essai du magnésium. — Il y a lieu malheureusement de constater que le magnésium, surtout le magnésium en poudre, est souvent falsifié frauduleusement avec de la limaille de zinc, dans le but de produire une poudre qui puisse être vendue à bas prix.

Il est assez facile, sans manipulations délicates, de découvrir la présence du zinc dans une poudre magnésienne : il suffit d'une réaction des plus simples basée sur ce fait que le ferrocyanure jaune de potassium ne donne pas de précipité avec les sels magnésiens, tandis qu'il donne un précipité avec les sels de zinc. Ayant donc un échantillon de magnésium à essayer, on en mettra une petite quantité, $0^{gr},50$ par exemple,

(1) Nous rappellerons que le *rad* ou *bougie-seconde* est l'unité pratique d'énergie graphique; c'est l'énergie graphique fournie en une seconde par une bougie décimale.

dans un tube d'essai et l'on versera par-dessus 20^{cc} à 25^{cc} d'eau acidulée au $\frac{1}{5}$ avec de l'acide chlorhydrique ; il se dégage de l'hydrogène, et lorsque tout le métal est dissous, on a une liqueur acide, incolore ; on y ajoute une goutte d'une solution à 10 pour 100 de ferrocyanure : si le métal est pur, on n'observe aucun précipité ; si le métal est falsifié avec du zinc, on a un précipité blanc jaunâtre d'autant plus abondant que le zinc est en plus grande quantité.

Cet essai suffit amplement ; l'analyse quantitative serait plus difficile à faire, elle est du reste le plus souvent inutile, la teneur en zinc important peu à l'amateur : il lui suffit de savoir que l'échantillon qu'il a est apte ou non à lui donner le résultat cherché.

Du reste, on s'aperçoit très bien à l'épaississement de la fumée, à la diminution d'éclat de la lumière, que la poudre a été falsifiée.

Méthodes de combustion du magnésium. — Le magnésium se brûle de trois manières absolument distinctes : 1° en fil, 2° en poudre très fine, 3° en mélange pyrotechnique. Nous consacrerons des Chapitres spéciaux à ces trois méthodes, mais ici nous les comparerons quant à leur effet et à leur emploi.

Le ruban de magnésium brûle avec assez de lenteur, et convient pour les éclairages posés, mais il a l'inconvénient de donner une flamme trop condensée qui, par suite, accentue les duretés dans les ombres ; il y a donc lieu de multiplier les foyers et de diffuser la lumière : plusieurs opérateurs ont recommandé dans ce but même de promener la flamme pendant la pose.

La seconde méthode consiste à insuffler de la poudre de magnésium dans une flamme : celle-ci doit être très chaude ; bien envelopper le jet de poudre, sinon le métal, insuffisamment échauffé, ne prend pas feu et retombe en pluie inerte autour de l'appareil. Il n'est guère de lampes avec lesquelles on n'observe une perte de matières, certains modèles n'utilisent que 40 à 50 pour 100 de la poudre insufflée ; une projection trop brusque donne de semblables résultats.

La troisième méthode consiste à associer à la poudre de magnésium des comburants pour assurer l'inflammation complète du métal et des combustibles pour la faciliter. Mais ces mélanges, qu'on a souvent appelés *photo-éclairs* à cause de la vivacité de leur déflagration, s'ils ont l'avantage incontestable de donner une rapide et très vive lumière, ont le grave défaut de donner beaucoup de fumée, souvent nocive, et d'être d'un maniement très délicat.

Pour ces diverses raisons ne serons-nous pas étonnés de voir des partisans très décidés de l'un ou l'autre système condamnant absolument les deux autres méthodes; en étudiant de plus près le sujet, nous reviendrons sur ces divers points.

Les fumées du magnésium. — Nous avons dit que le métal pur en brûlant donnait lieu à une fumée blanche assez épaisse; moins gênante avec le métal en fil parce qu'elle se produit peu à peu, elle est bien plus marquée avec la poudre métallique parce qu'elle est produite d'un seul coup, ou tout au moins très rapidement; mais, avec les photo-poudres, elle est tout à fait gênante, car elle contient non seulement de la magnésie, mais encore tous les produits solides provenant des autres corps employés dans la composition éclair. Ce sont des chlorures de potassium fournis par le chlorate de potasse, de l'acide sulfureux ou des sulfures, etc.; il est même certaines formules dans lesquelles il entre du ferrocyanure de potassium, ou des sulfures arsenicaux qui fournissent des vapeurs absolument toxiques.

Aussi l'ingéniosité des inventeurs s'est-elle exercée à l'envi pour produire des « avale-fumées », qui absorbent ces vapeurs et sont ensuite vidés à l'air libre.

Tous ces appareils, dans le fond, sont un perfectionnement, ou une application nouvelle, du principe indiqué depuis longtemps par Blochoose et Piffard en Amérique : disposer au-dessus du foyer lumineux un sac mouillé dans lequel viendront s'accumuler les fumées. Comme quelques-uns de ces appareils présentent des dispositions ingénieuses, nous les décrirons à titre d'indications pour le lecteur.

La lanterne Meydenbauer. — Dans l'*Aide-mémoire* de M. Fabre de 1889, le dispositif adopté par le Dr Meydenbauer est décrit de la façon suivante; nous reproduisons cet extrait, qui résume parfaitement la question.

« Le Dr Meydenbauer a fait remarquer que le plus grand obstacle à l'utilisation du magnésium en rubans provient de la fumée de magnésie qui se produit lors de la combustion; cette fumée absorbe une grande partie de la lumière produite et en proportion d'autant plus grande que la quantité du métal brûlé est à la fois plus considérable. Pour éviter cet inconvénient, il suffit de placer immédiatement au-dessus de la flamme un tube métallique vertical de 2^{cm} à 3^{cm} de diamètre et de 1^{m} de longueur environ, terminé en bas par un petit entonnoir de 10^{cm} à 12^{cm}

de diamètre seulement; il se produit un puissant courant d'air dans le tube qui aspire toute la fumée et l'amène dans une petite boîte fixée à l'extrémité du tube (une caisse à cigares suffit). Un second tube en papier ayant 5^{cm} à 6^{cm} de diamètre, débouche dans cette caisse et conduit la fumée vers le bas d'une autre boîte de carton. On peut fixer la lampe à une latte en bois de $2^{m},20$ environ de longueur, qui maintient en même temps les deux tubes; l'ensemble peut être facilement transporté d'un point à un autre du local à éclairer; cette installation suffit pour condenser la fumée pendant plusieurs heures.

» Le Dr Meydenbauer a construit, d'après ce principe, une lampe brûlant dix rubans à la fois, et dont le fonctionnement ne laissait rien à désirer sous le rapport de l'absence de fumée. En déplaçant la lampe pendant la pose, on obtient des ombres très douces et une grande uniformité d'éclairage. Avec ce système, il est très facile de photographier des intérieurs bien mieux qu'à la lumière du jour. »

Nous avons intégralement reproduit ce passage parce qu'il y a là évidemment une tentative originale et intéressante pour délivrer le photographe de ces agaçantes fumées, qui s'attachent avec une étrange ténacité aux objets et vont même parfois se déposer sur les lentilles extérieures de l'objectif. Cette idée de condenser par refroidissement, car l'appareil constitue, en somme, une sorte de serpentin d'alambic, semble excellente malgré la complication de l'appareil; mais il ne paraît pas que, dans la pratique, elle ait donné des résultats satisfaisants, puisque nous n'avons pas vu que ce procédé ait été sanctionné par l'usage.

Praticable pour la condensation des fumées produites par la combustion du fil, fumées qui se développent graduellement, il ne peut être employé avec les poudres-éclairs et même les lampes à poudre de magnésium dans lesquelles la fumée est produite tout à coup et en grande abondance.

Lanterne Sardnal. — M. Sardnal a cherché un moyen pour éviter que la fumée produite par le magnésium se répande dans la chambre; il a présenté à la Société française de Photographie un appareil qui a été ainsi décrit dans le *Bulletin* :

« C'est une lanterne en métal, fermée par une glace à sa partie antérieure; le haut est ouvert et supporte un sac en étoffe, que l'on mouille au moment de l'emploi à l'aide d'une solution d'alun pour empêcher qu'il ne soit brûlé. Le fond est percé, et dans cette ouverture se fixe une sorte d'entonnoir dans lequel on place du coton-poudre, disposé de façon qu'une mèche passe par la douille. La poudre-éclair étant placée sur le coton-poudre, on allume la mèche par-dessous et l'éclair se produit sans que la fumée puisse s'échapper.

» On peut ajouter un dispositif qui permet d'allumer le coton-poudre à distance (¹) ».

Appareils Bourchani et Brichaut. — A la séance du 1er avril 1892 de la Société française de Photographie, M. Mairet a présenté, au nom de M. Bourchani, un aspirateur de fumée qui se compose essentiellement d'une lanterne dont la paroi antérieure est en verre ; la partie supérieure est recouverte d'un sac de toile imperméable : c'est, on le voit d'après cette description succincte, un dispositif assez semblable au précédent ; l'originalité de ce modèle consiste en la mise de feu. C'est une sorte de platine dont le chien est déclenché par une poire de caoutchouc ; le choc du percuteur fait partir une pastille de fulminate, qui enflamme une poudre-éclair spéciale. L'auteur a pu, avec cet appareil, obtenir de jolies épreuves d'intérieur et la fumée est assez bien condensée dans le sac. Mais, comme dans tous les modèles de ce genre, après avoir vidé le sac au dehors, il faut nettoyer l'intérieur de la lanterne dont la vitre, en particulier, est recouverte d'une couche opaque de magnésie.

A la même séance, M. Brichaut présentait un appareil qu'il appelle le *photofumivore* et qui est composé à peu près de même.

Installations fixes. — Dans les ateliers, les laboratoires de recherches, il sera très facile d'établir des installations fixes qui permettent de brûler telle quantité de magnésium voulue sans être gêné par les fumées. Il suffira de munir la lanterne dans laquelle brûle le photo-éclair d'une cheminée à fort tirage, conduisant au dehors les produits de la combustion.

Nous citerons à titre d'exemple l'installation faite par M. Londe à la Salpêtrière. Dans un coin de l'atelier, il a fixé une lanterne munie d'un carreau à l'avant et surmontée d'une cheminée conique qui se termine par un tuyau conduisant les fumées au dehors. Au-dessous de la lanterne, est une large ouverture qui assure le tirage. M. Londe a pu, dans cette lanterne, brûler la poudre-éclair dont il se sert habituellement sans jamais briser la glace antérieure, l'espace étant suffisant pour la détente des gaz.

(¹) *Bulletin de la Société française de Photographie*, août 1888, page 206.

Les brûlures du magnésium. — Le magnésium en combustion peut provoquer, principalement aux mains, des brûlures d'une certaine gravité : nous ne parlons pas des brûlures occasionnées par les photo-poudres, qui, par suite des matières ajoutées au métal, peuvent amener des complications assez graves, mais bien des blessures produites par les petites lampes à poudre pure, si employées à l'heure actuelle. Il est très imprudent de les tenir à la main et plusieurs expérimentateurs de notre connaissance ont été très profondément brûlés ; il vaut toujours mieux les mettre dans un support quelconque et s'en tenir prudemment aussi éloigné que possible. La brûlure, en effet, est toujours très grave, tant à cause de la haute température à laquelle s'élève le magnésium, que par suite de l'introduction dans la blessure de la magnésie caustique formée.

La *Photo-Gazette* (¹) a donné, dans ses recettes et formules, le remède suivant emprunté à l'*American Annual :*

« Pour guérir les brûlures occasionnées par la poudre de magnésium enflammée, il faut prendre parties égales d'huile de lin et d'eau de chaux, agiter fortement et mélanger jusqu'à ce que le liquide prenne l'apparence d'une crème épaisse et jaune. Imbiber de ce mélange du coton hydrophile et appliquer aussi tôt que possible sur la brûlure ; à mesure que le coton se dessèche, il faut le réimbiber.

» Si la peau est complètement enlevée, il sera bon de mettre un morceau de toile fine sur la plaie, pour empêcher le coton de coller et d'irriter la blessure. Garder cette compresse jusqu'à ce qu'elle ait fait cesser toute irritation et que la plaie commence à guérir, mais ayez soin de changer et de renouveler le coton à mesure qu'il durcit ou se salit. Dès que la guérison commence, vous pouvez remplacer l'huile par de la vaseline. »

(¹) *Photo-Gazette*, mars 1893, page 100.

CHAPITRE VII.

LAMPES AU MAGNÉSIUM PUR.

SOMMAIRE : I. *Lampes au magnésium tréfilé.* — Généralités. — Lampe Salomon. — Lampes au magnésium tréfilé. — Allumettes magnésiennes. — Avantages et inconvénients du magnésium tréfilé. — II. *Lampes à la poudre magnésienne pure.* — Généralités. — Conditions nécessaires des lampes à poudre. — Caractères auxquels se reconnaît une bonne poudre de magnésium. — Pulvérisation du magnésium. — Les prix du magnésium en poudre. — Lampe Larkin. — Poussière de magnésium et coton-poudre. — Les lampes au magnésium. — Le foyer de chaleur. — Lampes à oxygène. — Avantages et inconvénients des lampes à poudre pure.

Le magnésium pur est brûlé de deux manières distinctes, soit à l'état de fil rond ou plat, soit à l'état de poussière impalpable : ces deux méthodes ont donné lieu à des appareils divers et fournissent des résultats absolument distincts que nous étudierons séparément.

I. — LAMPES AU MAGNÉSIUM TRÉFILÉ.

Généralités. — Les lampes au magnésium tréfilé, que le métal soit employé, comme au début, sous la forme d'un fil rond ou, comme plus tard, en ruban, c'est-à-dire sous la forme d'un fil plat, consistent essentiellement, ainsi que l'avait indiqué Bunsen dans ses premières expériences, à faire progresser doucement, à l'aide d'un procédé mécanique quelconque, le magnésium au fur et à mesure de sa combustion. Dans ces lampes, on est exposé à avoir des extinctions subites provenant d'une brusque rupture du fil, due à la difficulté de produire un métal pur et homogène; d'autre part, le moindre courant d'air, en refroidissant le fil, en arrête immédiatement la combustion.

Pour parer à ces inconvénients, on a proposé l'emploi de fils tressés, on a même, comme nous l'avons dit, tressé deux fils de magnésium et un de zinc; d'autres inventeurs ont entretenu une petite flamme au point même où doit se produire la combustion.

Les modèles de lampes ont été très nombreux et le meilleur, qui a été imité depuis de bien des manières, est la lampe Salomon, construite sur les données de Bunsen, dès 1865. La description de cette lampe suffira pour faire comprendre toutes les similaires.

Lampe Salomon. — L'appareil (*fig.* 2) se compose d'une bobine C sur laquelle est enroulée le fil ou ruban de magnésium; celui-ci, en sortant de la bobine, passe entre les deux rouleaux d'une sorte de petit laminoir A, dont un des cylindres est actionné par un mouvement d'horlogerie,

Fig. 2.

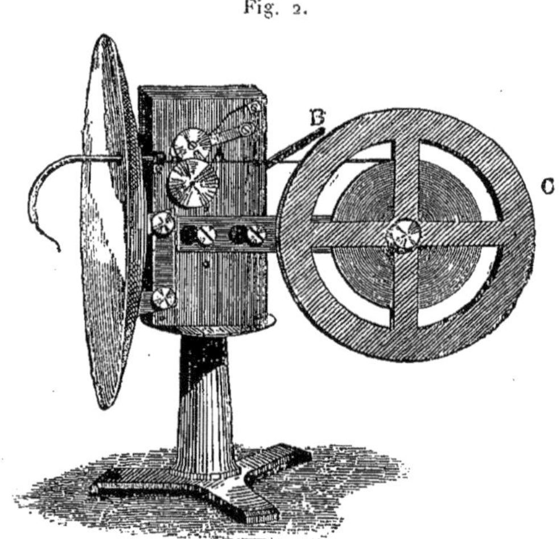

Lampe au magnésium tréfilé.

l'autre cylindre appuie sur le premier par l'intermédiaire d'un ressort dont on peut faire varier la tension; l'avancement du fil est ainsi assuré par laminage et le métal est conduit dans une sorte de petite gouttière fixée au centre d'un réflecteur parabolique de grande ouverture, en plaqué d'argent. La flamme se produit au foyer de la parabole, ce qui assure le meilleur rendement.

Après avoir fait dépasser du bec de la gouttière quelques millimètres du ruban, on en chauffe l'extrémité avec une lampe à alcool, le métal rougit et prend feu; il suffit alors de presser sur le bouton de déclenchement B et le mouvement d'horlogerie fera lentement progresser le fil d'une quantité égale à sa consommation.

Nous avons dit plus haut que le magnésium tréfilé a le grave inconvé-

Phototype Vallot. Simili-gravure Charaire.

EXPLORATION DE LA GROTTE DU JAUR.

Photographie obtenue par M. J. Vallot, en 1891, avec la lampe Nadar. 4 secondes de pose.

Extra grand angulaire Balbrecht n° 2. $D = \frac{F}{14}$.

nient de s'éteindre assez facilement; on y a remédié en mettant une petite lampe à alcool au-dessous du bec de la gouttière pour entretenir toujours la combustion. D'autre part, la fumée de magnésie étant très gênante, on a eu l'idée de placer à l'avant du réflecteur une glace et de munir cette lanterne ainsi fermée de trous à la partie inférieure pour l'appel d'air et d'un tuyau qu'on mettait en communication avec le corps de cheminée de l'atelier. Ce dispositif avait le grave inconvénient d'immobiliser l'appareil; de plus, au bout de très peu d'instants, la lumière diminuait beaucoup d'éclat par suite de la mince couche opaline de magnésie qui s'était déposée sur la glace et sur le réflecteur. Il y avait donc lieu de faire des nettoyages très fréquents.

Lampes au magnésium tréfilé. — Il ne nous paraît pas utile d'entrer dans de plus amples détails sur les lampes au magnésium tréfilé; l'ingéniosité des constructeurs s'est exercée à l'envi pour fournir soit des appareils

Fig. 3.

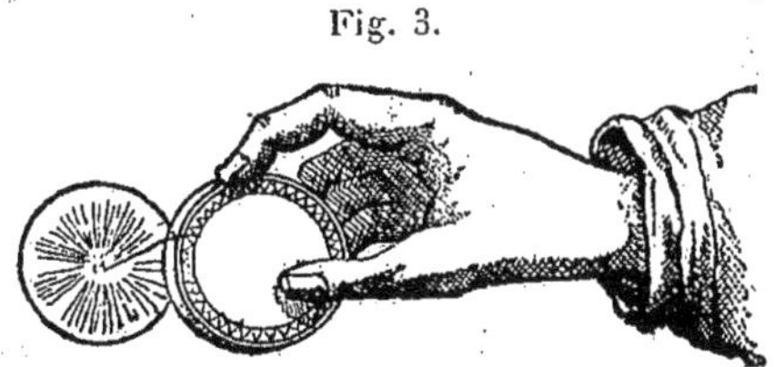

Petite lampe au magnésium.

très perfectionnés, soit, au contraire, de petites lampes portatives et à très bon marché, grâce à un mécanisme rudimentaire. C'est ainsi qu'ont été livrées de petites lampes (*fig.* 3) de la grosseur d'une pièce de 5^{fr}, dans l'intérieur desquelles était enroulé le magnésium; le ruban sortait entre les cylindres d'un laminoir dont le rouleau supérieur était simplement actionné du bout du doigt. C'est surtout en Allemagne qu'ont été fabriqués ces petits appareils.

Allumettes magnésiennes. — En Amérique, le pays des petites inventions pratiques, on a mis dans le commerce deux sortes d'allumettes au magnésium qui semblent assez intéressantes : ce sont des allumettes-bougies dont les unes contiennent, à l'intérieur même de la mèche, un fil de magnésium, les autres portent enroulée sur la cire une mince spirale de magnésium. Le métal brûle en même temps que l'allumette en émettant une belle lumière. Nous ne pensons pas que ce système puisse être pratique pour faire des clichés à la chambre, si ce n'est dans des espaces très restreints; mais en tout cas ces allumettes seront utilisées avec fruit pour l'exposition de certains papiers sous négatif en châssis.

Avantages et inconvénients du magnésium tréfilé. — Le magnésium tréfilé a le grand avantage de donner un minimum de fumée : en effet, la plus grande partie de la magnésie se produit sous la forme d'un léger ruban vrillé, qui se détache par petits fragments de l'extrémité du fil en combustion, il n'y a donc qu'une minime portion de l'oxyde qui est en quelque sorte vaporisée par la chaleur.

A côté de cet avantage très réel, les lampes au magnésium ont le défaut de donner un point lumineux trop peu étendu. On a trop de lumière directe, peu ou presque pas de lumière diffusée et les ombres portées ont une grande dureté : il en résulte des portraits heurtés du plus désagréable effet. On a conseillé divers moyens pour parer à cet inconvénient : les uns balancent la lampe pendant la pose pour déplacer les ombres, les autres diffusent la lumière en interposant entre le modèle et la lampe un grand écran semi-transparent en papier dioptrique ou en verre dépoli; les autres recommandent d'employer plusieurs foyers fonctionnant simultanément et d'intensités différentes.

D'un autre côté, sur ce sujet, le Dr Meydenbauer a fait, dans le *Photographisches Wochenblatt*, une série de remarques intéressantes qu'il convient de noter.

« Lorsqu'on brûle un ruban de magnésium d'environ 2^{mm} de largeur et de $\frac{1}{10}$ de millimètre d'épaisseur, on obtient une lumière d'environ 200 bougies, mais, lorsqu'on fait brûler plusieurs rubans dans la même lampe, la quantité de lumière est loin d'augmenter avec la proportion de métal brûlé; cela provient de ce que la flamme du magnésium n'étant pas transparente, n'émet de la lumière que par sa surface : la flamme est opaque et forme écran pour sa voisine à cause de la magnésie qu'elle contient. Le meilleur moyen pour obtenir une forte lumière à l'aide du magnésium en ruban est de former des spirales en enroulant le ruban sur un bâton de 2^{cm} à 3^{cm} de diamètre : les spirales sont suspendues sur un fil de fer placé devant un écran de papier blanc de $1^{m},40$ de largeur et plié en demi-cercle; elles doivent être éloignées l'une de l'autre de 2^{cm} à 3^{cm} et sont allumées toutes ensemble. »

Il est certain que c'est là la meilleure méthode d'utilisation du magnésium tréfilé. Nous ajouterons qu'à l'heure actuelle les lampes à ruban sont fort peu employées, sauf pour quelques cas spéciaux, les lampes à la poudre pure ou les photo-éclairs étant d'un maniement bien plus commode et donnant des résultats bien supérieurs.

Lorsqu'on fait usage d'une lampe à ruban unique, on a toujours conseillé, au cours de la pose, de promener le faisceau lumineux en tous sens, soit en balançant la lampe, soit en la faisant osciller sur son axe, surtout quand il s'agit de grands espaces; cette pratique est excellente, car le point lumineux étant de faible étendue, si la lampe restait immobile, on aurait l'exagération des ombres et tous les défauts reprochés à la lumière directe, tandis que, en faisant mouvoir continuellement le foyer, on remédie en partie à ce défaut, par suite du déplacement même des ombres portées.

II. — LAMPES A LA POUDRE MAGNÉSIENNE PURE.

Généralités. — Le principe des lampes à poudre de magnésium est des plus simples : il consiste simplement à insuffler le métal, réduit en poudre impalpable, au centre d'une flamme quelconque ; de cette idée très pratique est née une multitude d'appareils.

D'après le *British Journal,* M. Armstrong aurait été le premier, en 1888, à indiquer cette méthode : il se contentait d'insuffler la poudre à l'aide d'un tube de verre dans la flamme d'un bec de gaz. M. Bischop, sur cette donnée, combina un petit appareil primitif, qui est en quelque sorte le point de départ de la plupart des *lampes-éclair* que nous aurons à signaler. Ce praticien emploie un petit flacon à large goulot, dans lequel il met un peu de poudre de magnésium ; le bouchon est traversé par deux tubes de verre coudés ; le premier, qui va jusqu'au fond du flacon, est muni d'une poire en caoutchouc ; le second est coupé au ras du bouchon à l'intérieur et la partie extérieure est dirigée vers la flamme d'un bec de gaz : il suffit de presser vivement sur la poire en caoutchouc pour que l'air sorte du second tube chargé de la fine poussière du magnésium, qui vient brûler dans la flamme du bec de gaz.

Tel est, en ses grandes lignes, le principe général des lampes à poudre de magnésium sur le perfectionnement desquelles les constructeurs ont fait de nombreux travaux.

Conditions nécessaires des lampes à poudre. — Avant d'entreprendre la description des principales lampes à poudre, il nous paraît utile d'établir les conditions nécessaires qu'elles doivent remplir : la plupart du temps, les constructeurs n'ont pas assez porté d'attention sur certains points qui assurent seuls un bon rendement à ces lampes; ce sont les suivants :

1° La poudre du magnésium doit être réduite en poudre fine, mais non pas en poudre impalpable comme plusieurs auteurs l'ont recommandé. On verra, en effet, dans la Seconde Partie de cet Ouvrage, qu'il ressort de nos expériences sur le magnésium en poudre que ce métal se réduit d'autant plus facilement en oxyde (ne donnant aucune lumière) qu'il est porphyrisé plus finement. Mais, d'autre part, il est utile que le grain soit aussi égal que possible, pour éviter des projections latérales; dans ce but, on recommande de procéder toujours à un tamisage avant l'emploi de la poudre.

2° La force d'impulsion de la poussière devra être toujours en raison inverse de la grosseur du grain de la poudre de magnésium : il est en effet évident qu'une poudre à gros grains, passant très vite dans une flamme, n'aura pas le temps de prendre la température nécessaire à son inflammation.

3° Le magnésium doit être porté au rouge pour pouvoir s'enflammer, il faut donc que la flamme dans laquelle il sera injecté soit aussi chaude que possible. Quelques auteurs se sont simplement servis de la flamme d'une bougie ; le moyen n'est pas à recommander, on a une grande perte de métal par manque de chaleur. La flamme de l'alcool est préférable, mais la meilleure est sans contredit celle du bec Bunsen ; on arrive encore à une température plus élevée en alimentant la lampe avec de l'oxygène et la lampe Humphrey et ses similaires ont le meilleur rendement possible.

4° Le magnésium doit être très sec et conservé à l'abri de l'humidité : par suite de son état de division, il est plus apte à se combiner rapidement avec la vapeur d'eau et à se transformer en oxyde de magnésie qui n'a plus de pouvoir éclairant.

Caractères auxquels se reconnaît une bonne poudre de magnésium. — Une bonne poudre de magnésium doit avoir une teinte grise métallique égale, elle ne doit pas présenter de particules plus grosses de magnésium, couler facilement, sans se former en grumeaux, ce qui indique qu'elle est sèche. Quand elle a un aspect blanchâtre ou gris blanc, c'est que, soumise à l'humidité, elle s'est en partie oxydée. Quand elle a un aspect légèrement verdâtre, c'est qu'elle a été mélangée avec du zinc.

Pour qu'une poudre magnésienne donne son maximum de rendement dans les lampes, il faut absolument qu'elle soit très tamisée; dans ce cas-là seulement, elle brûle convenablement et donne le rendement maximum; la présence des grains un peu gros est très nettement décelée dans la photographie de la flamme du magnésium : au cours des expériences que nous avons instituées et qui sont rapportées à la fin de ce volume, lorsque la poudre contenait de gros grains, ceux-ci produisaient sur le cliché de petites aigrettes, en forme de filaments se détachant de la masse générale de la flamme et ayant une trajectoire de 8^{cm} jusqu'à 20^{cm}, suivant la grosseur du grain.

Pulvérisation du magnésium. — Il paraîtra sans doute intéressant au lecteur de connaître les procédés industriels pour réduire le métal en poudre : le magnésium est chauffé dans une atmosphère non oxydante, jusque très près de son point de fusion qui est de 420°, mais sans l'atteindre. A ce moment il est brusquement refroidi et dès lors un léger coup de marteau suffit pour démolir l'édifice cristallin formé : c'est là le procédé allemand. On y arrive encore par le procédé indiqué par M. Michel (1), qui consiste à chauffer le métal jusqu'à fusion et à le brasser énergiquement pendant qu'il refroidit lentement; sous l'action de ce brassage continu, la cristallisation ne s'opère que très difficilement, les petits cristaux formés au début ne peuvent se *nourrir*, suivant l'expression des chimistes, et, quand le refroidissement est opéré, on a une masse sableuse que quelques coups de marteau font tomber en poussière. On obtient ainsi, qu'on se serve de l'un ou l'autre procédé, une poussière cristalline qu'on sépare en plusieurs grosseurs par des tamisages. Si l'on veut une poudre plus fine, il faut procéder à des broyages d'après les procédés habituellement employés par les fabricants de bronzes en poudre. Nous n'avons pu indiquer qu'en leurs grandes lignes ces procédés, les industriels qui les exploitent ayant des méthodes et des appareils à eux, qu'ils tiennent secrets.

D'autres industriels obtiennent les poudres de magnésium par simple limage, ou mieux présentent le métal en lame ou en barre à des fraiseuses plus ou moins finement striées et animées d'un rapide mouvement de rotation.

On a conseillé, avons-nous dit, de porphyriser la poudre du commerce en se servant d'une molette de verre et d'un verre dépoli : la poudre de magnésium mouillée d'alcool est écrasée entre la molette et le verre dé-

(1) *Voir* dans *La Nature*, n° 1039, du 29 avril, page 349, un article que nous avons publié à ce sujet : *La pulvérisation des métaux.*

poli. Nous avons essayé ce procédé, qui donne une poussière impalpable ayant l'aspect de graphite et brûlant très bien, mais nous avons reconnu que l'opération de broyage activait l'oxydation du métal, et nous ne saurions recommander ce moyen à nos lecteurs. (*Voir* à ce sujet nos expériences personnelles dans la Seconde Partie).

Les prix du magnésium en poudre. — A côté de ces indications, il sera curieux de montrer les prix successifs par lesquels le magnésium a passé. Nous ne parlerons pas des prix du début qui étaient très élevés, mais, lorsque la fabrication industrielle fut assurée, le métal fut successivement vendu en gros aux prix suivants :

1868.	Fil rond pour lampes......	1fr,50	le gramme.
1872.	Fil plat..................	0 ,90	»
1888.	Poudre de magnésium......	0 ,10	»
1894.	» »	0 ,045	»

On voit combien rapidement a décru le prix du magnésium au fur et à mesure que la demande a été plus forte.

Ceci posé, nous allons étudier les principaux moyens proposés pour brûler le magnésium en poudre.

Lampe Larkin. — La première lampe dans laquelle on se soit servi du magnésium en poudre date de 1866 et a été inventée par Larkin pour donner une lumière continue ou par intervalles; dans ce but, il emploie de la poudre de magnésium mélangée avec du sable fin ou toute autre matière inerte : les proportions du mélange varient suivant l'intensité de la lumière qu'on veut obtenir. Cette poudre est contenue dans un réservoir placé à la partie supérieure d'une lampe et s'écoule par un petit tube dans lequel on fait passer un courant de gaz d'éclairage. Quand on veut employer la lampe, on ouvre le robinet du gaz et on le règle de manière à n'obtenir à l'extrémité du tube qu'une flamme bleuâtre très légère; on laisse l'appareil s'échauffer, puis, en soulevant une vanne, on fait pénétrer le mélange pulvérulent. L'ouverture plus ou moins grande de la vanne sert à régler l'intensité de la flamme : le magnésium en traversant le jet de flamme s'allume aussitôt et produit une belle lumière, tandis que le sable inerte tombe dans le fond de la lanterne. Ce procédé est théoriquement des plus ingénieux, mais il ne paraît pas avoir donné dans la pratique tous les résultats que l'auteur en attendait, et il a été très vite abandonné.

Poussière de magnésium et coton-poudre. — M. Piffard a indiqué dans l'*Anthony's Bulletin* une méthode très simple pour l'inflammation du magnésium pulvérulent : il dispose celui-ci sur une touffe de coton-poudre, dont l'inflammation entraîne celle du métal. Voici quelques chiffres instructifs qu'il donne à ce sujet : pour un portrait, il lui a suffi de $0^{gr},65$ de poudre de magnésium, répartis sur $0^{gr},39$ de coton-poudre. La source lumineuse était à 9 pieds du modèle ($2^{m},75$) et surélevée au-dessus de l'appareil d'environ 1 pied 9 pouces (environ $0^{m},60$).

Cette méthode a été indiquée à plusieurs reprises sous d'autres formes; on a ainsi recommandé de disposer la touffe de coton en une sorte de nid dans le fond duquel on déposait la charge de poudre et l'on ramenait par-dessus l'excès de coton en tortillant l'extrémité pour former une mèche.

Ce procédé donne de bons résultats.

Les lampes au magnésium. — Nous ne pouvons entrer ici dans le détail des nombreux modèles de lampes qui ont été proposés tant en France qu'à l'étranger, il nous suffira de décrire les principaux et d'en faire connaître le principe au lecteur. D'une façon générale, toutes les lampes, quelle que soit leur construction, reviennent à deux modèles principaux : les lampes à charge unique qui brûlent en une seule fois un poids donné de magnésium, et les lampes à jet continu qui brûlent le magnésium par petites charges qui se succèdent continuellement, formant ainsi une lumière pouvant durer un temps appréciable.

Pour faire agir les premières, on se sert d'une simple poire en caoutchouc, à laquelle on imprime une pression plus ou moins brusque qui, refoulant l'air, chasse la charge d'un seul coup dans la flamme.

Les secondes emploient des poires à soupape d'aspiration et, au besoin, un ballon en caoutchouc est interposé sur le tube de communication pour régulariser la pression de l'air; une série de soupapes empêchent les retours d'air, qui sort alors en un jet continu : cet air passe dans un réservoir de magnésium où il se charge de poussière métallique, et ainsi se trouve assurée la continuité de la flamme.

Nous allons passer brièvement en revue les principaux modèles établis suivant l'un ou l'autre procédé.

1° *Lampes à charge unique.* — Dans cette classe de lampes, le modèle à la fois le plus simple et le plus commode d'emploi est ce qu'on nomme la *lampe tube*. Vers la fin de 1889, on vit, à la fois en France, en Allemagne et en Amérique, créer des modèles du même genre.

En France, le Dr Ranque a proposé le *photospire* (*fig.* 4) : sur la flamme d'un chalumeau, il ramollit un tube de verre de 4^{mm} à 5^{mm} de diamètre intérieur et le courbe de manière à lui donner la forme d'une sorte de petit cor de chasse d'environ 30^{mm} à 40^{mm} de diamètre. A l'une des extrémités il adapte un tube de caoutchouc muni d'une poire, l'autre extrémité est légèrement évasée. Il glisse dans le tube la charge de poudre et fixe ce tube sur le côté d'une bougie stéarique, de manière que le jet, sortant du photospire, coupe la flamme sous un angle très aigu.

Le Dr Bournans, de Mæstricht, a proposé à la même époque un appareil similaire; un tube en forme d'S renversé est fixé sur un socle :

Fig. 4.

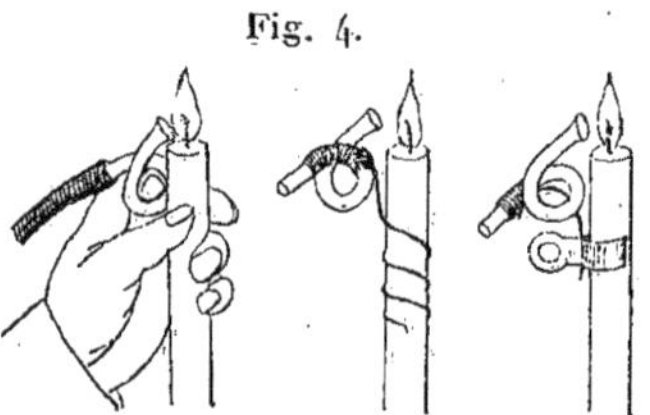

Modes d'emploi du photospire.

autour de la branche supérieure est enroulée une mèche de coton qu'on mouille d'alcool; on verse la charge dans le tube et, avec une poire en caoutchouc, on la chasse à travers l'alcool enflammé.

Nous avons, pour nos expériences relatées plus loin, employé un dispositif du même genre; c'est un tube en U dont une des branches se recourbe horizontalement pour recevoir le tube de caoutchouc; la branche droite est empaquetée dans du coton hydrophile, serré avec un mince lien de métal. L'appareil est tenu vertical à l'aide d'un petit bloc de bois portant sur le dessus une mortaise dans laquelle s'engage la courbe de l'U.

En Amérique, on a mis en vente, avec succès, un petit appareil composé d'un tube de verre droit de 10^{cm} à 15^{cm} de long au milieu duquel est soufflé un petit entonnoir qui sert à l'introduction de la charge : une des extrémités est munie du tube de caoutchouc et l'autre d'une petite armature de fil de fer garnie de carton d'amiante. On imbibe ce dernier d'alcool; après avoir mis la charge dans le tube, on bouche avec le bout du doigt l'entonnoir, on allume l'alcool et l'on presse la poire en caoutchouc.

Le *Practical photographer* a même indiqué la plus simple et la plus économique de toutes les lampes : on prend une pipe en terre dont on entoure extérieurement le fourneau d'une tresse de coton ; on met dans la pipe le magnésium, on imbibe d'alcool la tresse et l'on donne le coup de poire. Ce petit instrument donne de très bons résultats et revient à quelques centimes. Tous ces appareils réussissent fort bien si l'on n'a que de faibles espaces à éclairer, sinon il y a lieu de les multiplier pour donner la somme de lumière nécessaire, car, d'une façon générale, les plus forts modèles n'arrivent guère à brûler plus de 1gr à 2gr de magnésium en une seule fois.

Un grand nombre de lampes avec réservoir et distributeur de magnésium ont été proposées; nous citerons le *Revolver photogénique* du Dr Ranque, construit par Cadot, ayant la forme exacte d'un petit carnet de notes : en réalité, c'est une boîte à double compartiment dont le supérieur contient du magnésium en poudre, l'inférieur des allumettes. Le compartiment supérieur est mis en communication avec un tube qui débouche vers la tranche supérieure du carnet, à côté d'une petite lampe à essence prise dans la gorge verticale du carnet. Le tube peut être ouvert ou fermé à l'aide d'une sorte de robinet et, d'autre part, il communique avec un tube de caoutchouc terminé par une poire. Ayant ouvert le robinet, on frappe légèrement sur le carnet et une petite quantité de magnésium tombe dans le tube, on ferme le robinet, on allume la petite lampe et, au moment voulu, on presse sur la poire pour projeter la poudre sur la flamme : celle-ci ne nous paraît pas assez chaude, et le rendement lumineux est faible, une certaine proportion de poudre échappant à la combustion.

MM. Merville et Lansiaux ont proposé, en 1890, le *Tison-éclair :* c'est une boîte en métal de petites dimensions, contenant environ douze charges de magnésium; sur un des côtés est un tube à robinet avec poire en caoutchouc pour lancer la charge magnésienne sur une de ces allumettes vendues par la régie pour les fumeurs sous le nom de *tisons*. Le bout de cette allumette est introduit dans un petit tube *ad hoc* ménagé sur un des côtés de la boîte ; on l'enflamme et, lorsqu'elle est en pleine ignition, on presse sur la poire. Pour notre part, nous trouvons l'appareil de trop petites dimensions, et l'opérateur est exposé à recevoir des brûlures très douloureuses; nous en avons vu plusieurs exemples; on peut, il est vrai, éviter l'accident en se servant d'une pince à ressort pour fixer le petit appareil sur un support quelconque.

Sous le nom de *Lampe-soleil,* M. A. Bourdier, de Versailles, a construit un appareil d'un très bon usage : une boîte cylindrique, de 3^{cm} à 4^{cm} de hauteur sur environ 6^{cm} à 8^{cm} de diamètre, porte en son centre un petit entonnoir terminé par un tube qui vient sortir sur un des côtés de la boîte et sur lequel s'ajuste un tube avec poire de caoutchouc, ou plus simplement, un petit tube de verre dans lequel on insuffle l'air avec la bouche. Sur tout le pourtour intérieur de la boîte règne une gorge demi-ronde qui remplit l'espace entre l'entonnoir et les parois extérieures. Sur ce godet circulaire on place un petit plateau de cuivre du diamètre de la boîte, évidé en son centre pour laisser passer le bord supérieur de l'enton-

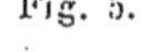

Fig. 5.

Lampe-étoile.

noir, et portant sur son pourtour six à huit tubulures dans lesquelles sont passées de courtes mèches de coton. On met dans l'entonnoir la charge de magnésium, on verse dans le godet circulaire de l'alcool et, après avoir replacé le disque à mèches, on allume. On produit ainsi une forte flamme très chaude au milieu de laquelle est projetée la poudre de magnésium. Nous avons vu et obtenu nous-même de très bonnes épreuves avec cet appareil.

Dans la *Lampe-étoile* (*fig.* 5) nous retrouvons un dispositif similaire. La poudre de magnésium est mise dans le godet *a* et l'alcool dans la coupe *bb;* un tube métallique *c* plonge au fond du godet *a* et est réuni à une poire en caoutchouc *d*. En pressant sur celle-ci après avoir allumé l'alcool, on disperse dans la flamme le magnésium qui produit en brûlant une lumière de large surface.

Un habile photographe de Paris, M. Boyer, se sert journellement, pour reproduire les principales scènes des pièces en vogue, d'une lampe qu'il a fait construire chez MM. Poulenc et qui porte son nom (*fig.* 6). Elle se compose essentiellement d'un réservoir d'alcool, cylindrique, plat, muni de deux porte-mèches à courant d'air central. A l'arrière de la lampe est disposée une petite cuvette cylindrique fermée par un bouchon à vis, dans laquelle on verse 1^{gr} ou 2^{gr} de poudre de magnésium. Cette cuvette communique d'une part avec un fort soufflet et, de l'autre, avec deux tubes qui viennent déboucher au centre des mèches de la lampe. Un réflecteur métallique complète l'appareil. On produit donc dans cette lampe deux éclairs simultanés; M. Boyer emploie en même temps plusieurs de ces lampes qu'il distribue, selon le besoin, le long de la rampe du théâtre et tous les tubes viennent se réunir à un seul réservoir d'air

Fig. 6.

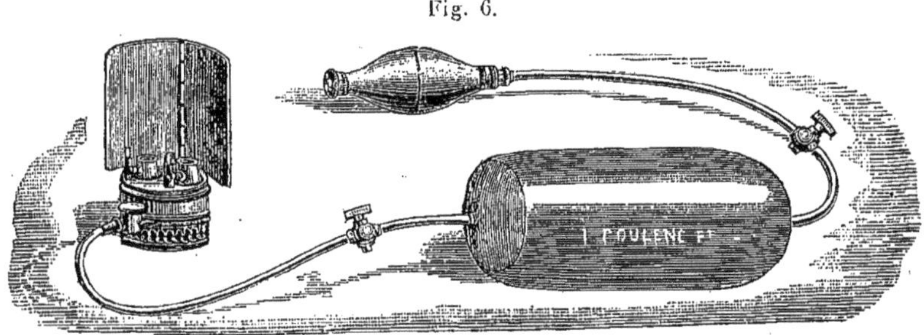

Lampe Boyer.

sur lequel on presse, en ouvrant le robinet, pour obtenir la déflagration de toutes les lampes à la fois. Les très belles épreuves obtenues par M. Boyer indiquent nettement l'excellence du procédé. Toutefois, il y a lieu de remarquer que l'éclair n'a pas une très grande rapidité, comme nous aurons plus tard à le démontrer, et il est, par suite, nécessaire de faire poser les personnages, chose du reste peu difficile dans le cas actuel, puisqu'il s'agit d'artistes qui savent fort bien prendre les attitudes convenables.

Nombreux sont les modèles de lampes à charge unique. Citons encore l'*Hélios* de Hesse et Fribourg, la lampe de Mendoza, la lampe Wilde, etc.

2° *Lampes à jet continu.* — Parmi les nombreuses lampes de ce genre, nous citerons les suivantes:

M. Berjot a construit, sur les données de M. le commandant Fribourg, la *bougie actinique* (*fig.* 7), dont M. Vidal a donné la description suivante dans le *Moniteur de la Photographie :*

« Cet appareil a le diamètre et la forme d'une bougie stéarique; le tube métallique, dont la hauteur est d'environ 10^{cm}, se décompose en deux parties distinctes : la lampe proprement dite et le réservoir à poudre de magnésium pur.

» La lampe est tout simplement fermée en guise de couvercle, par une petite toile métallique sous laquelle se trouve un tampon de coton que l'on imbibe d'alcool. A l'aide d'une poire pneumatique, dont le tube communique avec le bas du réservoir à poudre, on projette du magnésium à travers la flamme de l'alcool; il s'enflamme en produisant un très bel

Fig. 7.

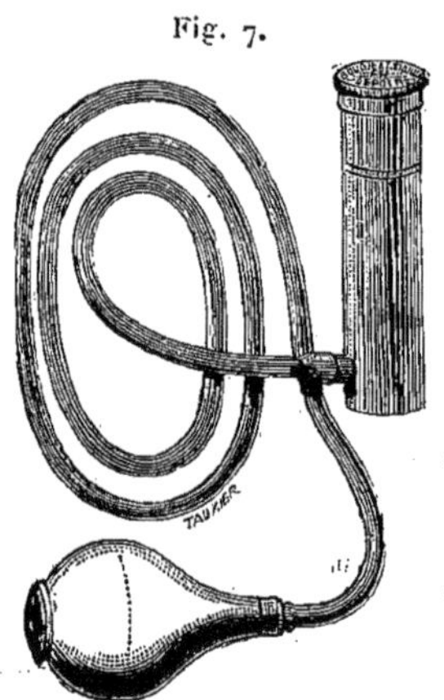

Bougie actinique Berjot.

éclair et autant de fois successivement que l'on presse sur la poire. La combustion de l'alcool durant un quart d'heure environ, on a tout le temps, si besoin est, de recommencer maintes fois l'opération et ce jusqu'à épuisement de la poudre; le réservoir en contient, si nous nous le rappelons bien, de douze à quinze charges. »

M. Berjot n'a cessé de perfectionner son petit appareil, il a adjoint un bouchon fileté pour le transport du tube chargé de combustible et de magnésium, sans qu'il puisse y avoir mélange des deux substances; d'autre part, il se sert d'un de ces petits appareils économiques appelés *brûle-bouts*, destinés à brûler les petits bouts de bougie, pour fixer son appareil sur un chandelier quelconque, ce qui évite les dangers de brûlure; pour notre compte, nous nous sommes servi à maintes reprises de la bougie actinique à notre entière satisfaction. Ajoutons qu'il est de beaucoup préférable de charger le réservoir avec du pétrole ou du benzol qui fournissent une flamme plus élevée et plus chaude que l'alcool.

La *lampe Poulenc* est du genre du tube-bougie, en ce sens qu'elle contient une réserve de magnésium et d'alcool. Sur un réservoir parallèlipipédique sont fixés deux cylindres : l'un contient une mèche épaisse en coton tressé qui vient plonger dans le réservoir inférieur qu'on remplit d'alcool par une tubulure latérale, fermée par un bouchon à vis. L'autre cylindre est le réservoir de magnésium qui se termine par un tube recourbé en U, dont la seconde branche débouche au centre de la mèche du premier cylindre. Ce réservoir à magnésium est fermé par un bouchon métallique à vis portant au centre un tube qui se recourbe au dehors à angle droit et sur lequel on chausse le tube de la poire en caoutchouc;

Fig. 8.

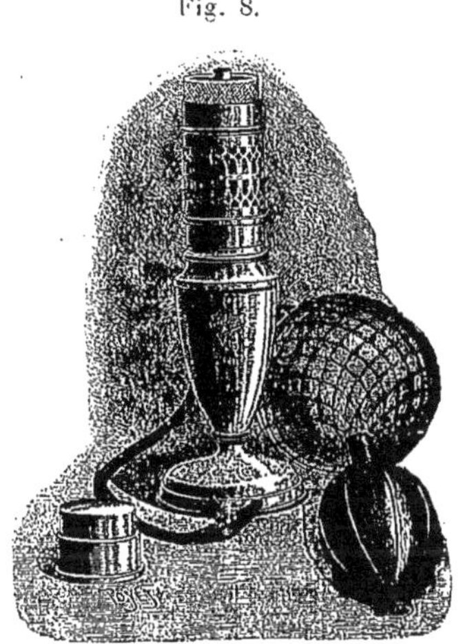

Lampe Nadar.

le tube se prolonge à l'intérieur jusqu'à une petite distance du tube d'évacuation du magnésium, de telle sorte qu'en pressant sur la poire, la colonne d'air pousse devant elle le métal pulvérulent compris entre les deux ouvertures, et celui-ci vient brûler dans la flamme de l'alcool. Avec une double poire, on peut avoir une lumière continue.

M. Nadar, à la même époque, présentait une lampe dans le même genre, mais qui, grâce à ses proportions plus fortes, permet d'avoir un éclairage plus puissant. Cette lampe (*fig.* 8) se compose d'une élégante urne en métal, munie à sa partie inférieure d'un tube à robinet auquel s'adapte un tube en caoutchouc comportant une poire et un ballon dans lesquels un jeu de valves permet, quand on actionne à plusieurs reprises la poire, d'obtenir un jet d'air continu sous pression.

Un couvercle se visse sur cette urne et est traversé par un tube droit de 6^{mm} à 8^{mm} de diamètre, qui se prolonge à l'intérieur en s'évasant un peu jusqu'à quelques millimètres du trou d'arrivée d'air. L'urne servant de réservoir au magnésium, on conçoit que, grâce à ses parois fortement inclinées en cône, le métal tend toujours à s'accumuler entre le trou d'air et le tube d'éjection et qu'un courant d'air continu peut donner lieu à

Fig. 9.

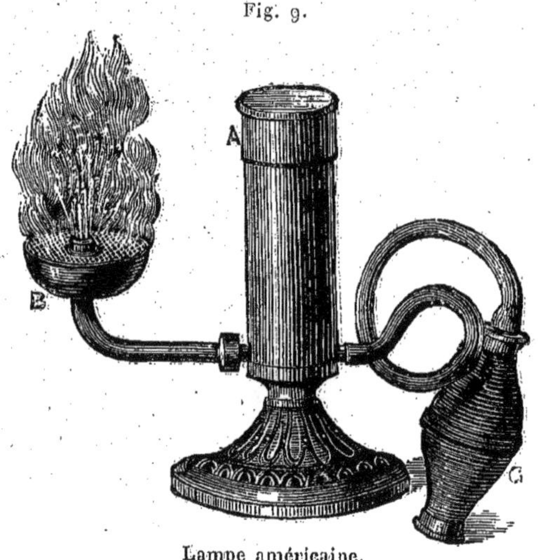

Lampe américaine.

une lumière continue. Pour assurer l'inflammation du magnésium, le tube d'éjection est coiffé d'un appareil consistant essentiellement en un godet cylindrique dans lequel est logée une mèche très épaisse de coton tressé : on retire le godet et l'on imprègne d'alcool la mèche en trempant le godet renversé dans une soucoupe pleine de ce liquide. Une fois remis en place, l'appareil donne une flamme très vive qui enveloppe parfaitement le jet de magnésium.

M. Nadar, en dehors de ce modèle d'amateur, en a créé un beaucoup plus puissant pour atelier; le gaz est substitué à l'alcool.

A citer dans le même genre d'appareils la lampe américaine dont nous donnons ci-joint la figure (*fig.* 9). Le réservoir A se remplit de magnésium qui est chassé par la poire à double valve C. Le tube d'éjection du magnésium débouche au centre d'un petit godet B rempli d'éponges imbibées de benzol et retenues par une toile métallique. Une série de faibles pressions égales détermine un courant d'air continu et, par suite, une belle flamme ayant la durée qu'on jugera nécessaire.

Nous citerons enfin la lampe Clégil, tout dernièrement mise dans le commerce, dans laquelle une double flamme assure l'inflammation totale de la poussière magnésienne.

Elle se compose d'un corps qui peut se mettre soit sur un pied, comme dans la *fig.* 10, soit dans un chandelier quelconque. Deux galeries annulaires D et D′ sont remplies d'amiante que l'on imbibe d'un mélange de 2 parties d'alcool et 1 de benzine. Le magnésium en poudre est mis dans le réservoir E qui peut contenir jusqu'à 6gr de poudre; la

Fig. 10.

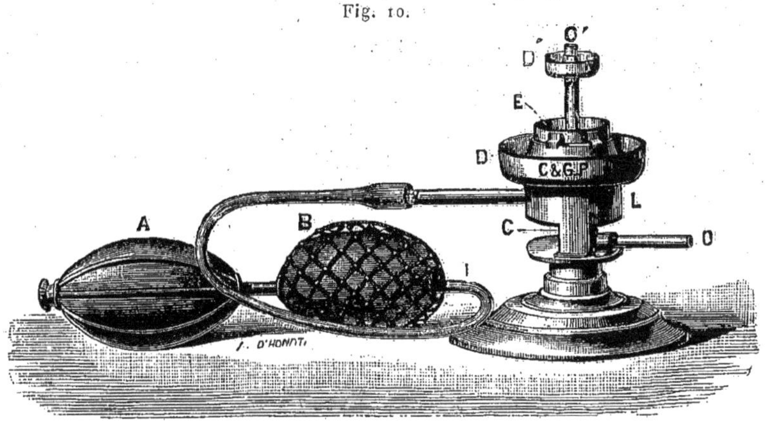

Lampe Clégil.

poire A, munie du ballon compresseur B, servira à l'éjection de la poudre. Les deux réservoirs d'alcool sont munis de prises d'air centrales, C pour la partie inférieure, OO′ pour la partie supérieure : la flamme brûle ainsi avec activité, et c'est entre les deux sortes de tubes incandescents que le magnésium est projeté, par suite on arrive ainsi au meilleur rendement possible. Nous avons essayé cette lampe qui nous a donné des résultats parfaits.

Le foyer de chaleur. — Dans toutes ces lampes, la grosse difficulté est de créer un puissant foyer de chaleur qui assure bien la combustion du magnésium.

Les tubes qui n'utilisent que la flamme d'une bougie ne peuvent brûler qu'une faible quantité de magnésium; aussi, dans les lampes plus fortes, est-on obligé d'avoir recours à l'alcool, et l'ingéniosité des constructeurs s'est surtout portée sur ce point de former un puissant foyer, en épaississant la mèche ou en la multipliant, ou encore en la construisant à double courant d'air.

MM. Clément et Gilmer ont eu recours, dans cet ordre d'idées, à la puissante flamme fournie par les lampes à souder (*fig.* 11). On sait que ces appareils consistent en une petite lampe à alcool enfermée dans une gaîne de métal supportant une petite chaudière à demi pleine d'alcool. Cette chaudière fermée par un bouchon à vis s'échauffe et se remplit de vapeur d'alcool sous pression qui, s'échappant par un tube recourbé, vient faire chalumeau sur la lampe inférieure et fournir ainsi une flamme horizontale de grande puissance. A cet appareil les constructeurs ont ajouté un

Fig. 11.

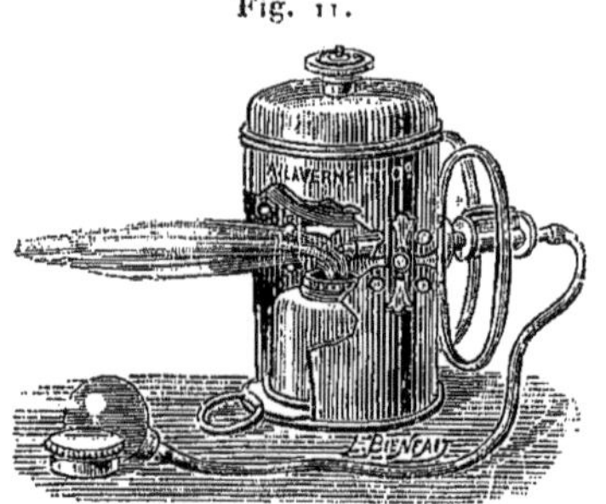

Lampe à souder Clément et Gilmer.

petit tube à chargeur de magnésium sur lequel agit une poire de caoutchouc. Dès que le dard du chalumeau est formé, il n'y a qu'à presser sur la poire pour chasser le métal en poudre et en assurer la complète combustion.

Dans le même sens, le Dr Miethe a préconisé l'emploi d'un bec Bunsen, dans la flamme duquel il injecte la poudre de magnésium : un peu au-dessus du bec est ajusté un disque de cuivre, incliné à 45°, sur lequel la poudre vient heurter, ce qui en assure à la fois la dispersion et une meilleure combustion. Pour le portrait, il recommande l'emploi de deux de ces lampes dont les tubes sont commandés par une seule poire. Ces lampes, qui appartiennent à la première catégorie, sont connues sous le nom de leur constructeur, *Schirm*. Depuis, il en a été fait de nombreux modèles sur le même principe.

Dans nos expériences, nous avons reconnu qu'il était préférable de se servir des essences telles que le benzol, la gazoline, etc., qui donnent des flammes beaucoup plus chaudes que celles de l'alcool et amènent ainsi bien mieux la combustion totale.

Lampes à oxygène. — Le grand desideratum donc, pour assurer le maximum de rendement aux lampes à poudre de magnésium pur, est de créer un foyer aussi chaud que possible pour brûler exactement tout le métal. M. Humphrey, en Angleterre, a résolu le problème en se servant d'une lampe à gaz alimentée par de l'oxygène. Un corps de forme ovoïde

Fig. 12.

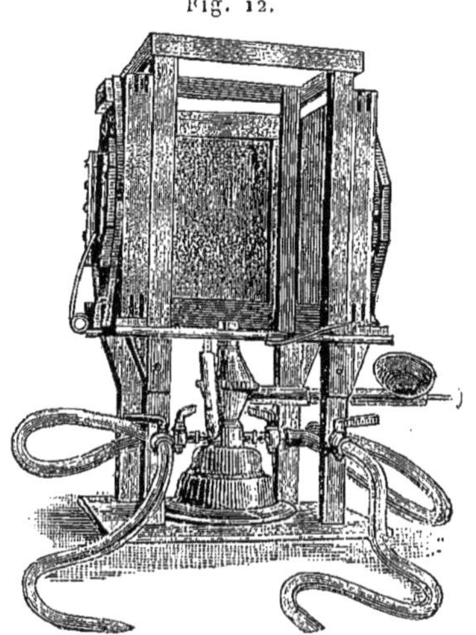

Lampe à oxygène Humphrey.

sert de réservoir au magnésium; le fond communique, d'une part, avec une canalisation d'hydrogène ou de gaz d'éclairage à l'aide d'un tuyau coudé à robinet. Une seconde canalisation à robinet, reliée à un réservoir d'oxygène, se bifurque en pénétrant dans le pied en fonte, très lourd, sur lequel est monté le réservoir et qui, grâce à son poids, assure la stabilité du système. Le premier canal, courbé à angle droit, s'élève dans l'intérieur du réservoir jusque près de son orifice supérieur; le second canal communique avec un bec circulaire qui entoure cet orifice. Si l'on ouvre lentement le robinet à gaz, celui-ci s'échappera doucement à travers le magnésium et sera allumé à l'orifice : on a soin d'ouvrir ce robinet peu à peu et l'on s'arrête dès qu'on obtient une légère flamme. On ouvre alors le robinet de l'oxygène jusqu'à ce que la flamme du gaz passe au bleu; on remarquera que, grâce au dispositif adopté, le gaz brûle entre deux nappes d'oxygène et atteint, par suite, une haute température. Dès qu'on veut obtenir l'éclair magnésien ou la lumière continue, il suffit d'ouvrir et fermer brusquement le robinet à gaz dans le premier cas, ou de le maintenir ouvert dans le second : la pression du gaz sera suffisante pour chasser le magnésium en poudre et une magnifique lumière sera produite. Nous ne nous arrêterons pas sur les détails secondaires qui permettent le démontage et le nettoyage de l'appareil; il est parfaitement compris et donne de très bons résultats; nous ferons observer que, grâce aux tubes d'oxygène sous pression que livre à l'heure actuelle l'industrie, l'usage de l'oxygène ne peut guère être invoqué comme cause prohibitive.

La figure que nous donnons ici (*fig.* 12) montre la lampe employée pour l'impression des positives sous châssis. Nous aurons à revenir plus loin sur cette application.

Avantages et inconvénients des lampes à poudre pure. — Les lampes à poudre pure donnent d'excellents résultats et ont de nombreux partisans; il est certain qu'elles ont un rendement actinique supérieur à celui des photopoudres, à égalité de magnésium brûlé; nous insistons sur ce point, car il arrive très souvent que les lampes ont un rendement propre très imparfait en ce sens que tout le magnésium employé n'est pas brûlé et retombe inutilisé autour de la lampe. Du reste, le Tableau d'Eder, que nous avons donné dans le Chapitre I, montre nettement cette supériorité du magnésium pur sur les photopoudres, supériorité qui s'explique par les réactions secondaires produites dans les photopoudres lors de la combustion et qui ne s'effectuent qu'aux dépens de la chaleur totale, et l'on sait que la lumière émise par un corps en combustion est d'autant plus vive que le corps est porté à une plus haute température.

L'éclair de la poudre pure a une durée bien plus longue que celle des photopoudres et, lorsqu'il s'agit d'instantanées, c'est évidemment à ces dernières qu'il faudra s'adresser.

M. Londe, analysant les avantages et les inconvénients des lampes au magnésium pur, dit :

« On peut reprocher à la plupart de ces dispositifs de ne brûler qu'imparfaitement le magnésium. En effet, si la pression est trop brusque, le magnésium traverse la flamme trop rapidement pour pouvoir être enflammé; d'autre part, si l'on appuie sur la poire trop mollement, la lampe fuse. Donc, on ne peut être assuré, avec une charge égale, d'obtenir toujours le même effet; il suffit d'ailleurs d'un courant d'air, du déplacement d'une personne à côté de la lampe pour que le régime de combustion de la flamme soit complètement changé. Pour toutes ces raisons, les lampes à magnésium utilisent mal et irrégulièrement le produit principal. »

Ce que dit M. Londe au sujet des différences de la valeur de la flamme avec la pression est juste, mais nous ne pouvons nous associer complètement à ses conclusions, en ce sens que le rendement graphique de la poudre pure, ainsi qu'il ressort des expériences d'Eder et des nôtres, étant de beaucoup supérieur à celui des photopoudres, il en résulte que les défauts signalés sont amplement compensés.

Si nous mettons cependant en parallèle les deux méthodes, en nous plaçant au seul point de vue pratique, nous donnerons la préférence aux photopoudres, à cause de leur simplicité d'emploi; ils ne nécessitent, en effet, aucun préparatif préliminaire, aucun matériel, tandis qu'avec les lampes, outre l'appareil lui-même, il faut une provision de combustible, alcool ou benzol; il y a lieu d'arranger la mèche, de la garnir du liquide inflammable, de placer la charge de poudre magnésienne et, une fois l'opération terminée, il faut s'occuper de ranger avec soin le matériel et le nettoyer pour qu'il soit prêt pour une autre expérience.

Mais il faut noter aussi que les lampes donnent une quantité de fumée très notablement inférieure à celle des photopoudres.

Nous avons tenu à établir cette sorte de parallèle sur lequel nous aurons à revenir; nous le répétons, chacune de ces méthodes a des partisans déclarés, et les uns et les autres obtiennent chacun de leur côté des résultats qui justifient leur engouement.

CHAPITRE VIII.

LES PHOTOPOUDRES AU MAGNÉSIUM.

SOMMAIRE : Des photopoudres en général. — Un mot sur l'invention des photopoudres. — Dangers des photopoudres. — Photopoudres de Gædicke et Miethe. — Poudre au perchlorate. — Poudres diverses. — Résumé des formules. — Poudres commerciales. — Pastilles au photopoudre. — Flammes du Bengale au magnésium. — Méthodes d'inflammation des poudres au magnésium. — Pistolets au magnésium. — Les cartouches en papier bengale (système Londe). — Procédé Brichaut. — Quantité de photopoudre à employer. — La rapidité des photopoudres.

Des photopoudres en général. — Les photopoudres au magnésium sont de véritables compositions pyrotechniques, contenant le comburant et le combustible, le magnésium jouant le rôle d'éclairant. Il en résulte que la poudre, si elle a été convenablement calculée, donne un rendement parfait, puisque tout le magnésium est sûrement brûlé. La combustion a lieu dans un temps extrêmement court : nous avons, en effet, affaire là à de véritables explosifs. D'une façon générale, tout ce que nous avons dit sur les compositions pyrotechniques s'applique aux photopoudres, nous y trouvons les mêmes avantages et les mêmes inconvénients ; la façon de calculer les proportions est la même, les méthodes de préparation identiques.

Un mot sur l'invention des photopoudres. — On a assez discuté sur la priorité d'invention des photopoudres, nous ne voulons pas ici reprendre cette discussion, d'autant plus qu'elle nous paraît absolument close par une lettre du Dr Fabre, publiée par le *Moniteur de la Photographie,* en février 1888, et dont nous extraierons les passages suivants :

« Il y a quelque vingt ans, M. Skaife publia un procédé permettant d'obtenir *instantanément* des portraits dans l'obscurité ; ce genre d'épreuves, que son inventeur appelait *distolgrammes,* n'eut pas alors un très grand succès ; le prix du magnésium, la lenteur du collodion, étaient autant de causes qui devaient faire tomber le procédé dans l'oubli le plus absolu, à tel point que sa *réinvention* est devenue possible le jour où le prix du magnésium a baissé, la rapidité des plaques étant d'ailleurs trouvée.

» C'est, croyons-nous, M. Meydenbauer qui a de nouveau appelé l'attention sur l'avantage qu'il y aurait à employer un mélange de chlorate de potasse et de magnésium en poudre ; mais un tel mélange ne s'enflamme pas très facilement. MM. Gædicke et Miethe ont ajouté au mélange une petite quantité de sulfure d'antimoine en poudre et l'inflammation devint alors facile....

» Pour se débarrasser de la fumée, M. de Blochoose a imaginé de disposer au-dessus du mélange un cylindre de coton léger, de 40^{cm} de diamètre, et fermé à la partie supérieure : ce cylindre est mouillé et, lorsque le mélange brûle, toute la fumée s'y précipite. A l'aide d'une coulisse munie d'un cordon placé à la partie inférieure, on ferme vivement la poche qui peut être enlevée et vidée à l'extérieur. »

Nous avons tenu à reproduire ce dernier alinéa, nous avons déjà traité cette question de la fumée, et nous voyons que tous les dispositifs successivement essayés reviennent tous au système Blochoose.

Plus loin, le Dr Fabre, parlant des essais de Skaife, établit la nécessité d'avoir au moins deux lampes à magnésium pour éviter les effets de « plein soleil » et il ajoute :

« L'effet est tellement rapide que c'est comme un coup d'éclair qui traverserait la chambre. L'individu dont on fait le portrait n'a pas le temps de bouger un muscle. Généralement, il ne manque pas de dire qu'il a remué et que son portrait ne peut être bien réussi, mais il n'en est rien. »

Cette observation est juste et nous verrons plus loin que M. Londe, en étudiant l'effet de l'éclair magnésique sur des névrosées, a pu constater, preuves en main, que sa durée était bien inférieure au temps de transmission des impressions nerveuses du cerveau aux muscles.

Dangers des photopoudres. — Nous avons signalé combien dangereuses étaient les préparations chloratées; mais, lorsque dans la formule on introduit du magnésium en poudre, le composé prend un caractère de danger bien plus accentué : si, en effet, on est arrivé par des tamisages sagement conduits à préparer la poudre, elle peut être mise à l'abri des chocs, mais elle est capable de détoner spontanément, si on la conserve mal ; sous l'influence de l'air humide, le magnésium s'oxyde, il peut se faire alors, avec les corps voisins, des réactions chimiques ; la température s'élève et le flacon vole en éclats. C'est à une décomposition de ce genre qu'est due l'explosion spontanée, à Philadelphie, d'un flacon de poudre-éclair, qui avait été conservée pendant près de dix-huit mois, sans qu'on ait remarqué trace de décomposition ; cinq personnes furent tuées. Les dangers sont plus grands encore si, dans la formule, il entre de l'acide picrique qui, à l'air libre, fuse sans danger, mais qui peut, en présence d'un peu d'humidité, se combiner avec le magnésium pour donner un picrate de ce métal, sel des plus instables et détonant avec violence.

Un simple mélange de poudre de magnésium et de permanganate de potasse détone avec violence au contact d'une goutte de glycérine. Nous avons cru devoir signaler toutes ces réactions, pour mettre le lecteur en garde contre les préparations toutes faites du commerce dont on ignore la composition : et nous ajouterons qu'il est toujours de bonne précaution de garder les matières premières pulvérisées en flacons séparés pour n'opérer le mélange qu'au moment de l'emploi. Ceci dit, nous allons étudier les principaux photopoudres qui ont été successivement proposés.

Photopoudres de Gædicke et Miethe. — MM. Gædicke et Miethe ont été, comme nous l'avons vu, des premiers à employer un mélange de poudre de magnésium avec le chlorate de potasse et l'antimoine. Ils ont publié une assez longue étude à ce sujet en 1887. Ils estiment que la combustion très vive d'une telle poudre varie entre $\frac{1}{60}$ et $\frac{1}{80}$ de seconde [1]. Le mélange qu'ils ont formulé contient :

Chlorate de potasse	6 parties.
Magnésium en poudre	3 »
Sulfure d'antimoine	1 »

Ils allument cette composition à l'aide d'une mèche de coton-poudre dont un des bouts est noyé dans la masse : s'il s'agit de faire un groupe, ils répartissent la poudre suivant une traînée, en la déposant dans un auget de tôle plié en V très ouvert; pour que la déflagration se fasse dans un minimum de temps, ils recommandent d'enflammer la traînée par le milieu.

---

[1] Nous verrons plus loin, Seconde Partie, que les rapidités peuvent être plus grandes encore.

Ils ont proposé d'autres formules de poudres que nous signalerons aussi :

	I	II
Chlorate de potasse.......	12 parties.	12 parties.
Poudre de magnésium....	6 »	6 »
Ferrocyanure de potassium	1 »	» »
Phosphore amorphe......	» »	0,5 »

Nous avons déjà insisté sur le danger que présentent les poudres au chlorate, si sensibles au choc. Pour ces deux dernières formules, bien qu'elles donnent, ainsi que nous l'avons constaté nous-même, de très bons résultats, nous ferons remarquer que la première fournit des fumées nocives, à cause de la présence d'un cyanure, et la seconde d'abondantes vapeurs blanches d'acide phosphorique, dangereuses à respirer.

Les mêmes auteurs ont étudié l'influence des sels capables de colorer la flamme et ont trouvé que la meilleure proportion à employer était de 10 pour 100 du mélange.

Poudre au perchlorate. — M. Rohmann et le Dr Galuwski (1) ont recommandé de remplacer le chlorate de potasse par le perchlorate. D'après les auteurs, les photo-éclairs au perchlorate résisteraient à la percussion; nous avons déjà expliqué au Chapitre II les raisons de cette innocuité du perchlorate.

La poudre éclair de ces expérimentateurs est ainsi composée :

Perchlorate de potasse..................	69 parties.
Tartrate de baryum.....................	27 »
Chlorure de sodium.....................	5 »

Ces divers corps doivent être anhydres et réduits en poudre bien sèche : pour l'usage, on prend 10 parties de cette composition et 1 partie de photo-éclair ordinaire; ils constituent un inflammateur avec un mélange de 10 parties de chlorate de potasse et 1 partie de lactine. Ces divers mélanges doivent être gardés en flacons bien à l'abri de l'humidité : nous trouvons pour notre compte que ces manipulations à faire au moment d'opérer (car le mélange ne doit se préparer qu'au fur et à mesure de l'usage) sont plutôt une gêne qu'une aide et, malgré l'affirmation des auteurs qu'un tel mélange donne un éclair d'une intensité bien supé-

(1) *Jahrbuch* du Dr Eder, 1892.

rieure à toutes les autres préparations, nous ne voyons pas quel réel avantage le praticien trouvera à l'employer. Enfin la présence du sel de soude doit nuire à l'actinisme de la lumière.

Poudres diverses. — Les formules ont varié à l'infini dès que le premier élan a été donné; nous n'indiquerons que les principales.

Howland a proposé l'emploi de :

Poudre de magnésium	3 parties.
Fleur de soufre	1 »

Si le mélange n'offre aucun danger au point de vue des chocs, en revanche il donne beaucoup de vapeurs sulfureuses pénibles à respirer et est d'une inflammation difficile.

Le Dr Lord, en Amérique, a indiqué une poudre au magnésium qui, bien que très oxydante, ne détone pas au choc; elle est ainsi composée :

Permanganate de potasse	10 parties.
Bichromate de potasse	10 »
Magnésium	8 »

L'éclair est très rapide et donne une lumière violacée très brillante; mais, en revanche, les fumées contiennent des chromates volatilisés qui peuvent occasionner de graves accidents par suite de leur toxicité.

Dans le *Photographic Times*, M. J.-P. Taylor a proposé un mélange pyrotechnique « de beaucoup supérieur à tous ceux présentés jusqu'alors »; cette assertion ne paraît pas douteuse, puisque nous voyons l'auteur ajouter à une sorte de flamme blanche du Bengale du magnésium en poudre. Voici, du reste, les proportions qu'il indique (formule I).

	I	II
Chlorate de potasse	10 parties.	4 parties.
Sulfure d'antimoine	4 »	2 »
Soufre	2 »	1 »
Poudre de magnésium	2 »	1 »

Il est utile que les divers corps soient pulvérisés séparément et mêlés au tamis seulement.

La formule II, qui est très voisine de la première, a été publiée par le *Bristish Journal* : nous n'insisterons pas sur ce point que les deux mélanges sont de vrais explosifs détonant sous un faible choc.

Harvey, dans l'*Anthony's Bulletin*, 1887, a indiqué :

Chlorate de potasse	2 parties.
Sucre blanc	1 »
Magnésium en poudre	1 »

C'est encore un type de poudre détonant au choc.

M. Blain a formulé dans *La Nature* (1888, n° 770), la préparation suivante :

Magnésium en poudre	3gr
Chlorate de potasse	3
Coton-poudre	1

Les deux premiers corps sont pulvérisés séparément, mélangés au tamis, et l'on en saupoudre la floche de coton-poudre qui sert d'allumeur.

Nous aurions encore nombre de préparations à indiquer, telles que le mélange du magnésium avec la poudre de chasse, le coton-poudre pulvérulent, le salpêtre, etc. Mais il ne nous paraît pas utile de nous étendre davantage sur ce sujet, la supériorité de ces poudres ne nous paraissant nullement prouvée. Ajoutons cependant qu'on a écrit que la présence du salpêtre rendait les photopoudres très dangereux; ce n'est point notre avis. Le chlorate de potasse offre plus de dangers, puisqu'il donne une poudre sensible au choc, ce qui ne se produit pas avec le salpêtre, mais ce dernier à l'inconvénient d'être très hygroscopique et, par suite, compromet la conservation du photopoudre.

Résumé des formules. — Nous venons de donner la série des formules principales indiquées jusqu'à présent, telles qu'elles ont été publiées par leurs auteurs; mais, pour les rendre comparables, il est utile de les ramener toutes à une même unité, et nous les réduirons à 100gr du mélange, ce qui nous donnera le pour 100 de chacun des composants et, en particulier, le pourcentage du magnésium, chose fort utile à connaître (1). Le Tableau suivant comprend donc les photopoudres signalés plus haut, auxquels nous avons ajouté quelques autres formules publiés dans les journaux photographiques.

(1) Nous ferons d'ailleurs remarquer que l'amateur ne cherche pas à calculer la quantité vraie de magnésium qu'il emploie, mais le poids du photopoudre, quels que soient ses composants.

	I	II	III	IV	V	VI	VII	VIII	IX	X	XI	XII	XIII	XIV	XV	XVI	XVII
	gr	gr	gr	gr	gr	gr	gr	gr	gr	gr	gr	gr	gr	gr	gr	gr	gr
Magnésium	12,5	40,0	6,25	30,3	50,0	43,45	41,65	22,70	80,0	31,65	32,5	75,0	28,50	12,5	25,0	37,60	23,80
Chlorate de potasse	25,0	30,0	»	60,6	»	43,45	50,0	43,15	»	63,25	65,0	»	»	50,0	50,0	52,60	42,80
Perchlorate de potasse	»	30,0	»	»	»	»	»	»	»	»	»	»	»	»	»	»	»
Azotate de potasse	»	»	50,0	»	50,0	»	»	»	»	»	»	»	»	»	»	»	»
Sulfure d'antimoine	50,0	»	18,75	9,19	»	»	8,35	»	»	»	»	»	»	25,0	»	9,80	»
Soufre	12,5	»	25,0	»	»	»	»	34,15	»	»	»	25,0	»	12,5	»	»	33,40
Poudre de chasse	»	»	»	»	»	»	»	»	20,0	»	»	»	»	»	»	»	»
Coton-poudre	»	»	»	»	»	13,10	»	»	»	»	»	»	»	»	»	»	»
Ferrocyanure de potassium	»	»	»	»	»	»	»	»	»	5,10	»	»	»	»	»	»	»
Phosphore amorphe	»	»	»	»	»	»	»	»	»	»	2,5	»	»	»	»	»	»
Permanganate de potasse	»	»	»	»	»	»	»	»	»	»	»	»	35,75	»	»	»	»
Bichromate de potasse	»	»	»	»	»	»	»	»	»	»	»	»	35,75	»	»	»	»
Sucre en poudre	»	»	»	»	»	»	»	»	»	»	»	»	»	»	25,0	»	»

AUTEURS : I. Taylor. — II. Eder. — IV. Gædicke et Miethe. — VI. Blain. — X et XI. Gædicke et Miethe. — XII. Howland. — XIII. Lord. — XIV. Taylor. — XV. Harvey. — XVI. Richelet. — XVII. Gillet.

On voit, d'après ce Tableau, que les auteurs, en ce qui regarde le magnésium, ont varié d'un minimum de 6,25 à un maximum de 80 pour 100. D'autre part, le rapport du magnésium au chlorate de potasse varie de $\frac{4}{3}$ jusqu'à $\frac{1}{4}$, mais généralement le rapport est de $\frac{1}{2}$. Il y a là d'énormes écarts qui doivent nécessairement se répercuter sur le rendement de la lumière qui, somme toute, est toujours fonction de la quantité de magnésium brûlé : nous aurons, du reste, à revenir sur cette question dans un Chapitre spécial.

Poudres commerciales. — MM. Dida, les habiles successeurs de Ruggieri, produisent une poudre-éclair dont ils ne donnent pas la composition, mais qui comporte du chlorate de potasse; cette poudre, brûlée en cartouche de papier bengale, a servi à M. Londe dans l'exécution de la plupart de ses travaux : nous avons, dans notre étude sur les photo-éclairs, reconnu la supériorité marquée de cette composition.

M. Brichaut, de son côté, fabrique une poudre chloratée extrêmement vive dont il se sert habituellement dans ses reproductions rapides d'événements parisiens ou dans ses photographies d'intérieurs. C'est avec elle qu'il a pu, en quelques heures, fournir aux journaux des épreuves des récentes catastrophes qui ont désolé Paris et qu'il a constitué une curieuse collection des notabilités du monde parisien. Postérieurement à nos premières expériences, M. Brichaut nous ayant envoyé de sa poudre-éclair, nous l'avons essayée et reconnu qu'elle avait un rendement parfait et une grande rapidité de combustion.

De nombreux marchands, en France et à l'étranger, préparent de semblables photopoudres sur lesquels il ne nous est pas permis de nous étendre, la composition étant tenue secrète par leurs auteurs.

Pastilles de photopoudre. — On a aussi présenté les photo-éclairs sous forme de pastilles; en 1889, nous avions composé une sorte d'étoile comprenant du chlorate de potasse, du sulfure d'antimoine et du magnésium en poudre que nous comprimions dans un moule à étoile après y avoir ajouté un peu de gomme laque en poudre et mis en pâte avec un peu d'alcool. Sur la pastille on mettait une mèche de coton trempée dans du pulvérin et assujettie par une goutte de pulvérin en pâte légère avec de l'alcool et un peu de dextrine. Ces pastilles brûlaient assez rapidement, mais ce n'était pas un éclair, la pose variait d'une seconde à une seconde et demie; pour cette raison nous avons renoncé à poursuivre cette étude.

M. Sardnal, dans *La Nature* (¹), a écrit un article sur les photographies aux poudres-éclairs et a indiqué la préparation suivante : il fait d'abord le mélange Gædicke et Miethe :

Chlorate de potasse	6gr
Sulfure d'antimoine	1
Magnésium	3

Après avoir mêlé au tamis, il triture sa poudre avec du collodion normal, de manière à faire une pâte qu'il moule en pastilles et qu'il sèche rapidement. Ces pastilles sont brûlées dans une lanterne fumivore dont nous avons parlé plus haut.

Miethe avait proposé des pastilles de même nature, mais il employait la paraffine comme agglomérant.

Sous le nom de *Phœbusine*, on trouve dans le commerce des petites cupules de carton remplies d'une poudre chloratée et fermées par un couvercle en papier mince. Il suffit de percer ce couvercle en y introduisant un fragment d'allumette-bougie pour avoir une très belle lueur : nous avons employé cette poudre avec succès en plusieurs circonstances.

Flammes du Bengale au magnésium. — A côté de ces préparations qui fournissent une lumière très vive et très rapide, on a proposé à diverses reprises des compositions pyrotechniques assez comparables aux flammes du Bengale, donnant une très vive lueur, mais brûlant dans un temps plus ou moins long; il est possible, par un dosage convenable, d'obtenir avec ces flammes une intensité considérable, et ces artifices seront très utiles, notamment lorsqu'il s'agira de faire la photographie de vastes espaces souterrains; il ressort, en effet, de nos études que les photopoudres rapides n'ont pas une grande portée.

Une flamme très puissante de ce genre a été indiquée en Allemagne; elle a la formule suivante :

Magnésium en poudre	20 parties.
Azotate de baryte	30 »
Fleur de soufre	4 »
Suif de bœuf	7 »

Les diverses poudres sont versées peu à peu dans le suif préalablement fondu; on mélange aussi intimement que possible et l'on coule

(¹) Voyez *La Nature*, 1888, n° 785, page 45.

dans une boîte de zinc de 10^{cm} de hauteur sur 7^{cm} de diamètre. Cette flamme brûlerait, dit-on, en développant une puissance lumineuse de 20000 bougies, et la combustion durerait vingt secondes pour un poids de 500^{gr}. L'auteur fait remarquer que cette flamme, très intense et à grande portée, ne serait pas utilisable pour le portrait, mais conviendrait parfaitement pour la photographie de grottes ou de cavernes de grandes dimensions. Cependant, il y a lieu de remarquer que cette composition donne un assez gros volume de fumée et il est utile, par suite, de ne s'en servir que dans des endroits où la ventilation est possible. Un journal allemand, le *Notizen* (1), a indiqué le mélange suivant : 1 partie de gomme laque est fondue avec 6 parties de nitrate de baryte ; la masse obtenue est réduite en poudre fine et mélangée avec 2,5 pour 100 de poudre de magnésium. On brûle ce mélange sur une plaque de fer, ou mieux on fait avec des feuilles de zinc très minces des cartouches d'environ 25^{mm} de diamètre qu'on remplit de ce mélange. Le zinc brûle en même temps que le mélange pyrotechnique.

L'auteur de la Note prétend que ce mélange ne contient aucune substance donnant des vapeurs désagréables ou dangereuses. Nous sommes loin d'être de son avis : les sels de baryte, résidus de la combustion, sont vénéneux ; d'autre part, nous savons que le zinc et le magnésium donnent d'abondantes fumées blanches d'oxydes et de carbonates. Cependant nous ajouterons que cette lumière, comme celle, du reste, donnée par tous les sels de baryte, est très riche en rayons verdâtres.

Nous signalerons, sans cependant le recommander, qu'en Amérique on a proposé des flammes du Bengale au magnésium dans lesquelles le comburant était constitué par des chlorates de baryte et de strontium. Les premiers donnent une lumière verte, les seconds une lumière rouge ; le mélange, s'il était en proportion convenable, devait fournir une flamme blanche ajoutant ses rayons actiniques à ceux du magnésium. Nous avons fait des essais dans ce sens et n'avons pas trouvé qu'il y avait un gain suffisant pour compenser la grande quantité de vapeurs nocives produite par une telle composition. Aussi nous l'indiquons pour montrer au lecteur jusqu'où ont été poussées les études des chercheurs, et l'empêcher de se lancer dans une voie reconnue mauvaise.

Méthodes d'inflammation des poudres au magnésium. — Les poudres

(1) *Bulletin de la Société française de Photographie*, séance du 7 août 1885, page 199.

pyrotechniques au magnésium ne sont pas toujours d'une inflammation facile, et il importe cependant que la combustion ait lieu à un instant donné et exactement à la volonté de l'opérateur : aussi les inventeurs ont-ils cherché à assurer cette inflammation par les moyens les plus divers.

La mèche la plus simple et la meilleure est celle qui est constituée par du coton-poudre; il suffit de filer entre les doigts un peu de coton-poudre dont on forme un toron en faisant tourner de la main droite, entre le pouce et l'index, l'extrémité pendant que le reste du coton se tréfile en quelque sorte en passant entre le pouce et l'index de la main gauche; on s'efforcera de faire la mèche aussi égale que possible et peu serrée; plus elle est serrée, plus elle met de temps à brûler.

Le commerce fournit d'ailleurs des mèches de coton-poudre tressées à trois ou quatre brins qui évitent cette petite opération préliminaire.

Quelle que soit la mèche qu'on emploie, on effile largement un des bouts que l'on place sur une soucoupe de porcelaine ou une plaque de métal et l'on verse par-dessus la poudre. Le bout de la mèche qui dépasse est enflammé soit avec une allumette ou une bougie, soit simplement avec un corps en ignition, tel qu'une cigarette ou un cigare allumés, la présence d'une flamme n'étant pas indispensable.

On a aussi conseillé l'emploi assez pratique d'une petite boule de coton hydrophile liée à l'extrémité d'un fil métallique et qu'on plonge d'abord dans l'alcool, puis qu'on allume à une bougie; Smith a même sur ce principe établi un petit appareil à déclenchement.

M. Confyn s'est servi, pour allumer la poudre, d'un charbon de Berzélius : ce charbon, composé de poussier de charbon moulé avec des matières inflammables qui assurent sa combustion, reste très longtemps incandescent, il suffit d'en toucher la pointe du petit tas de poudre conique pour en amener l'inflammation. L'inventeur a aussi combiné un dispositif à bascule qui permet de faire descendre le charbon sur la poudre par la simple pression d'une poire en caoutchouc. Un autre inventeur, M. d'Hoy, a combiné un inflammateur du même genre avec un obturateur à volet, de telle sorte que par la seule pression sur la poire de caoutchouc, s'opèrent simultanément l'ouverture de l'objectif et la déflagration de la poudre.

Plusieurs inventeurs ont recommandé l'emploi de l'électricité : il suffit de faire passer un courant d'un faible voltage dans une spirale de platine constituée par un fil très fin pour amener le métal à l'incandescence : c'est le procédé employé couramment pour tous les allumeurs électriques ; cette petite spirale porte le nom de *conflagrateur*. Mais le Dr Maydenbauer a fait remarquer que la très forte chaleur développée par la déflagration des photopoudres pouvait amener la détérioration du fil de platine et d'autre part, comme le contact avec la poudre était peu assuré, il a recommandé de recouvrir le fil de platine d'une mince couche de gomme arabique qu'on saupoudre ensuite de charbon et qu'on fait sécher.

Le Dr Stolze a prescrit l'emploi de minces spirales de fil de fer extrêmement fin qui, au passage du courant, rougit et fond, assurant mieux l'allumage de la poudre. C'est là le système préconisé par M. Berthelot pour l'allumage des poudres dans sa bombe calorimétrique, destinée à l'étude des explosifs.

On s'est servi aussi des fusées ou amorces électriques d'Ebner, qui sont composées d'un fil de cuivre passant de force à travers un petit cylindre de bois et formant au-dessus une petite boucle ronde : d'un coup de trait de scie fine à métaux, on coupe la partie supérieure de la boucle ; quand le courant passera (électricité statique), il se produira une petite étincelle qui mettra le feu à l'amorce ; pour préparer celle-ci, on entoure le cylindre de bois d'une ou deux révolutions de papier mince, collé de telle sorte que celui-ci dépassant de cinq ou six calibres au-dessus de l'anneau fendu, forme une petite cartouche dans laquelle on met, sans tasser, un mélange de chlorate de potasse et de sulfure d'antimoine ; on ferme la cartouche en repliant le papier. Un exploseur magnétique à coup de poing de Bréguet ou un déflagrateur genre Ebner fournissent l'étincelle qui allume l'amorce et celle-ci entraîne la détonation du photopoudre.

M. Brichaut emploie les amorces électriques qu'on trouve maintenant dans le commerce et sont constituées à peu près comme l'amorce Ebner. Il en produit la déflagration à l'aide de piles sèches : ce procédé lui permet de placer des charges de photopoudres en divers points éloignés de manière à produire des effets de lumière spéciaux.

D'autres opérateurs se sont servis d'amorces telles que les amorces Canouil que le commerce fabrique pour les jouets d'enfants ; M. Baltin et, plus tard, M. Mairet ont employé ce moyen pour enflammer leur poudre dans des lanternes spéciales ; un percuteur, mû par une poire en caoutchouc ou une détente, sert à faire déflagrer l'amorce qui enflamme le reste de la poudre.

Pistolets au magnésium. — De nombreux modèles de revolvers basés sur ce procédé ont été mis dans le commerce en Amérique et même en

France : il y a lieu de remarquer que, dans ce cas, on ne devra pas se servir de photopoudres, qui sont de véritables explosifs et qui, par suite, pourraient entraîner l'éclatement du revolver, mais simplement de poudre de magnésium pure.

Nous avons montré à la Société de Versailles, en 1889, l'emploi d'un de ces instruments : nous employions simplement un de ces petits pistolets en plomb et cuivre qu'on trouve dans les bazars pour la somme modique de treize sous. Entre la capsule sur laquelle repose l'amorce et le canon du pistolet, nous avions pratiqué une lumière : il suffisait de mettre dans le canon, sans tasser, la charge de magnésium, de garnir la cupule de son amorce et, au moment voulu, de presser sur la détente. Nous avions soin de diriger le pistolet vers le plafond qui servait à diffuser la lumière, la déflagration de l'amorce et la chaleur développée étant suffisantes pour déterminer la chasse de la poudre de magnésium hors du pistolet et son inflammation.

A propos de pistolet au magnésium, le *Moniteur de la Photographie* glisse le petit entrefilet suivant, assez amusant, qui nous servira à clore cette discussion sur les pistolets au magnésium :

« La Maison Anthony and C°, de New-York, vend un pistolet qu'on charge avec des cartouches formées de la poudre photogénique au magnésium. Il suffit de lâcher la détente pour produire l'éclair, et la photographie est faite.

» Ce pistolet est à double usage, car on peut s'en servir avec des cartouches à balle. De telle sorte que l'on pourrait, en combinant les deux usages, tirer à balle sur une personne, la photographier et la tuer presque simultanément. — Bizarre ! »

Les cartouches en papier bengale. — M. Londe, dans un article publié dans *La Nature* [1] a indiqué une excellente méthode pour l'usage des photopoudres. Le passage suivant que nous extrayons de cet article donne d'une façon très claire la pratique opératoire. Après avoir décrit divers photo-éclairs, il ajoute :

« Il s'agit maintenant d'enflammer le mélange dont la combustion doit être aussi courte que possible. En effet, la lumière est tellement intense que les yeux du modèle peuvent être affectés douloureusement et que la physionomie trahira naturellement cette impression.

» L'inflammation devra être assez rapide pour que l'épreuve soit faite

[1] *Des éclairages artificiels en Photographie* (*La Nature*, n° 822, du 2 mars 1889).

avant que le système nerveux du modèle ait pu réagir. Il faut ensuite que la source de lumière soit placée assez haut pour que les rayons émis aient la même incidence que celle du jour.

» Parmi les divers systèmes proposés, l'un des plus simples et des plus ingénieux nous a été indiqué par M. Bourdais. Il est trop peu connu, à notre avis, et peut cependant rendre de nombreux services.

» On fait un petit cornet en papier en enfermant dans la pointe de celui-ci un fil de fulmicoton noué à son extrémité supérieure pour qu'il ne puisse s'échapper.

» Le cornet est maintenu par une épingle qui sert en même temps à le suspendre, au moyen d'un fil quelconque, à la hauteur voulue, de façon à se rapprocher autant que possible de l'éclairage naturel. On met alors dans le cornet la quantité du mélange jugée nécessaire, suivant les cas, puis on ajoute à l'extrémité inférieure du fulmicoton un fil de coton ordinaire.

» Ce dispositif a pour but d'éviter d'enflammer directement la charge, opération qui peut être dangereuse, surtout pour les yeux. La longueur de ce fil, qui brûle lentement, permet d'aller ouvrir le volet du châssis de la chambre noire, d'aller même figurer soi-même dans la photographie et de prévenir les assistants un instant avant que l'éclair ne se produise. Dès que le fulmicoton est atteint par la flamme, la combustion a lieu à l'instant. On ferme alors le châssis et il ne reste plus qu'à développer l'image.

» Nous ferons, néanmoins, à la méthode de M. Bourdais, une légère critique, et nous y ajouterons un petit perfectionnement qui nous a été suggéré par l'expérience. Le cornet de papier qui, dans sa partie inférieure, renferme nécessairement plusieurs épaisseurs par suite de l'enroulement, fait écran et enlève certainement une bonne quantité de lumière. De plus, l'inflammation de la charge a lieu par sa partie la plus étroite, et il est évident qu'elle serait plus rapide si elle avait lieu par une surface plus grande.

» Aussi, avons-nous pensé à remplacer le cornet de papier ordinaire par un papier brûlant avec une grande rapidité et pouvant, par suite de cette propriété, enflammer la charge par toute sa surface. A cet effet, nous employons le papier bengale de la maison Ruggieri. Ce papier, outre sa grande rapidité de combustion, ne laisse aucun résidu solide, il ne peut donc faire écran et occasionner une perte quelconque de lumière. Nous modifions ainsi le dispositif en supprimant le fil de fulmicoton devenu inutile.

» Nous prenons un morceau de papier bengale, puis, le mettant à plat sur une table, nous posons dans le sens longitudinal un fil de coton ordinaire; nous mettons enfin la quantité de poudre éclairante reconnue nécessaire. Nous enroulons le papier de manière à ce qu'il contienne dans son intérieur la charge traversée par le fil, nous bordons les deux extrémités de manière à ce que la poudre ne puisse s'échapper et nous serrons ces deux bourrelets avec le fil.

» Nous avons ainsi une espèce de cartouche que l'on peut transporter facilement : des deux extrémités du fil, l'une sert pour suspendre le tout et l'autre pour l'inflammation. »

Le papier bengale est un produit assez cher et peut être très bien remplacé soit par du papier de soie, soit par du papier à cigarettes; on peut même rendre ces papiers plus inflammables en les trempant dans une solution chaude de chlorate de potasse et les faisant sécher.

Procédé Brichaut. — M. Brichaut enferme sa poudre spéciale dans un petit morceau de papier de soie, qu'il replie de manière à former avec l'excès du papier une sorte de mèche peu tassée. Cette cartouche est placée dans l'angle d'une feuille de fer-blanc, de la grandeur au plus d'un 13 × 18, repliée à la partie inférieure, de manière à former un petit palier de 3^{cm} à 4^{cm}. C'est sur ce palier qu'est placée la cartouche, et un petit ressort, soudé à la partie verticale du réflecteur, la maintient en place par pression.

Ce petit appareil, qui garantit très bien l'opérateur contre les projections de magnésium brûlant, est porté sur une légère baguette, ce qui permet de mettre le foyer lumineux aussi haut que l'on veut. Ce dispositif, très simple à construire, est d'un très bon usage.

Quantités de photopoudre à employer. — M. Londe a fait remarquer que la quantité de photopoudre doit varier avec la surface à éclairer, le format de la plaque, le foyer de l'objectif et son diaphragme, enfin avec le pouvoir photogénique des objets à reproduire. « Dans la plupart des cas, ajoute-t-il, portraits, groupes, intérieurs de moyennes dimensions, on ne dépassera guère 2^{gr} ou 3^{gr}. Pour des espaces plus vastes, salle de conférences, par exemple, on peut aller jusqu'à 10^{gr}; dans des essais que nous avons fait à l'Hippodrome de Paris, nous avons employé jusqu'à 14^{gr}.

» D'une façon générale, nous recommanderons d'exagérer un peu les quantités de magnésium brûlé pour créer le plus possible de la lumière diffuse ; grâce à cette forte illumination, il nous sera possible de diaphragmer beaucoup et nous aurons à la fois plus de netteté et plus de profondeur : cette dernière considération n'est pas sans valeur, car il y a lieu de remarquer que, dans la majeure partie des cas, nous aurons très peu de recul. »

M. Vallot, étudiant de nouveau dans l'*Annuaire de Photographie* [1] cette question de la photographie des grottes et cavernes, pose une formule pour établir la quantité de photopoudre qu'il y a lieu de brûler dans une circonstance donnée, et voici comment il l'établit.

« Le temps de pose consiste ici dans la quantité de poudre-éclair brûlée. Il est nécessaire de la connaître à l'avance, si l'on veut opérer à coup sûr. Si l'on n'avait pas à craindre l'envahissement de la fumée, il serait avantageux d'employer de fortes charges, mais cet inconvénient oblige souvent à limiter la quantité de poudre. On a donc intérêt à connaître le minimum au delà duquel il faut se tenir pour avoir des images suffisamment détaillées. Mes essais me permettent de donner une formule pratique.

» On sait que le coefficient de pose d'un objectif est égal au carré de l'ouverture du diaphragme exprimé en fonction du foyer absolu f. Donc, si l'on a $\frac{f}{d} = n$, le coefficient de pose est n^2.

» Si l'on emploie des plaques très rapides et un développateur énergique, on obtiendra des images suffisantes en fixant le poids p de poudre-éclair (en grammes) par la formule

$$p = \frac{n^2}{100} \times 2.$$

» Ainsi, pour une plaque 18×24, avec l'objectif extra grand angulaire n° 3 de Balbreck à pleine ouverture, on emploiera 5gr de poudre; le diaphragme n° 3 exigera 10gr. Enfin, avec la plupart des rectilinéaires rapides, la formule indique 1gr. Mais qu'on n'oublie pas que ceci n'est qu'un minimum et qu'on aura avantage à doubler la dose si la fumée n'est pas trop à craindre. »

La formule de M. Vallot ne nous satisfait pas pleinement. Nous trouvons qu'elle ne tient pas compte de la portée de la lumière du magnésium, portée qui est loin d'augmenter avec la charge, ainsi que les expériences de M. Londe à l'Hippodrome le démontrent (*voir* Seconde Partie). En

(1) Cf. *Annuaire général de Photographie*, année 1893, page 520.

Phototypes Londe.

Similigravure Charaire.

EXPÉRIENCE SUR LA RAPIDITÉ DES PHOTOPOUDRES.

Photographie à la poudre pure : la malade a pu réagir, ses bras et sa figure sont flous.

Photographie au photopoudre : la malade est saisie instantanément avant que la réaction se produise.

particulier, la charge de 1gr pour les rectilinéaires nous paraît faible.

En revanche, lorsque les dimensions de l'espace à éclairer sont grandes, et que, par suite, il y a lieu d'employer de fortes charges, il ressort de nos propres expériences qu'il y a grand intérêt à diviser la poudre en plusieurs paquets qui seront brûlés simultanément et non loin les uns des autres, 50cm à 60cm au plus. Le maximum de chaque charge sera au plus de 4gr; il nous a été parfaitement démontré que l'illumination produite par une charge unique ne croît pas proportionnellement avec le poids du magnésium brûlé : la lumière du magnésium, ainsi que l'a fort bien dit Maydenbauer, fait écran à elle-même. Le lecteur trouvera du reste, dans la Seconde Partie, le détail de nos expériences.

La rapidité des photopoudres. — Les expériences d'Eder et l'observation directe démontrent bien la supériorité, comme rapidité, des photopoudres sur les poudres pures brûlées dans les lampes ; mais M. Londe a fait à ce sujet une expérience des plus curieuses que nous tenons à rapporter. Dans une Note parue dans le *Bulletin de la Société française* (1), il a ainsi résumé ses observations.

Après avoir indiqué les services que la lumière magnésienne peut rendre au médecin, qui peut opérer ainsi dans des locaux insuffisamment éclairés, il ajoute :

« L'apparition brusque de cette lumière intense et extraordinairement vive peut amener, chez les malades, l'occlusion des yeux, une modification de la physionomie ou même un mouvement en arrière, par suite de la surprise ou de la frayeur, assez légitime en la circonstance....

» Mais, avec certains malades, les conséquences sont encore plus inattendues. Si nous avons à reproduire une hystérique, par exemple, la lumière du magnésium la plongera instantanément en catalepsie et nous obtiendrons un tout autre résultat que celui que nous cherchions. Il faut donc *a priori* employer une source de lumière dont la combustion soit assez vive pour que l'épreuve puisse être faite avant que la malade ait eu le temps de réagir.

» Avec une lampe brûlant du magnésium pur insufflé dans une flamme d'alcool, et prenant comme modèle une hystérique, nous constatons de suite que la durée de combustion est trop lente. La malade est photographiée précisément pendant le passage de l'état de veille à celui de

(1) Voir *Bulletin de la Société française de Photographie*, n° 4, mai 1892, page 112.

catalepsie. Par suite, l'image est floue, la tête et le corps se portant en arrière et les bras quittant la position de repos pour s'étendre et accompagner le mouvement général de la malade.

» Si, au contraire, nous employons le procédé qui consiste à brûler une poudre composée de chlorate de potasse et de magnésium, et que nous fassions la même expérience, la durée de combustion est si rapide que la malade est saisie dans son attitude naturelle, avant qu'elle ait eu le temps de réagir. Comme contrôle, nous faisons partir de suite une deuxième éclair et, sur la nouvelle photographie, nous voyons la malade en catalepsie.

» Il ressort de cette expérience que la durée de combustion du magnésium avec une substance oxydante telle que le chlorate de potasse est infiniment plus courte que celle des lampes au magnésium. »

Nous reproduisons ici (*Pl. IV*) les photographies obtenues par M. A. Londe, et il est certain que la réaction a eu le temps de s'effectuer dans le court instant, pour nous, dans lequel se produit l'éclair de la lampe, tandis qu'avec la poudre-éclair le résultat est absolu et la malade a été photographiée à l'état de veille, malgré la promptitude de son passage à la catalepsie, ainsi que nous l'avons constaté à la Salpêtrière, au cours de l'une de ces expériences.

CHAPITRE IX.

L'ALUMINIUM ET LE ZINC.

SOMMAIRE : I. *L'aluminium*. — La chimie de l'aluminium. — La poudre d'aluminium. — Les prix de l'aluminium. — Combustion de l'aluminium. — Lampes à poudre d'aluminium. — Photopoudres à l'aluminium. — II. *Le zinc*. — La chimie du zinc. — Expériences sur l'actinisme de la lumière du zinc. — Expériences personnelles sur le zinc. — Essais d'autres métaux.

I. — L'ALUMINIUM.

La chimie de l'aluminium. — L'aluminium, que les chimistes ont rangé parmi les métaux terreux, est un des corps les plus répandus dans la nature : c'est la base des argiles, des feldspaths et du mica; ces derniers entrent dans la composition des granits qui forment la majeure partie de la croûte terrestre. Son nom lui vient de l'alun, sulfate double d'alumine et de potasse, dont on a cherché à l'extraire d'abord. Il a été isolé pour la première fois par Wœlher en 1827.

L'aluminium a pour symbole Al; son poids atomique est de 27 et sa densité 2,56; on voit qu'il est très léger. C'est un métal d'un beau blanc légèrement bleuâtre, très ductile et très malléable. Il brûle au contact d'une flamme en donnant une lumière blanche, moins forte que celle du magnésium, et il exige pour brûler une température plus élevée.

Au début, l'aluminium se produisait par la réaction à la chaleur du potassium sur le chlorure d'aluminium anhydre, procédé que nous avons décrit en étudiant le magnésium.

En 1854, M. Sainte-Claire-Deville, pensant aux multiples services que pouvait rendre un tel métal à la fois léger et résistant, chercha un procédé industriel qui lui permît de le fabriquer à un prix peu élevé.

Dans un four à réverbère, porté au rouge, il introduit par charges successives 100^{kg} de chlorure double d'aluminium et de sodium, 35^{kg} de sodium en morceaux, et 45kg de cryolithe (1). La masse étant en fusion est brassée vigoureusement, puis dirigée dans une rigole de fonte où le métal se rassemble sous une couche de scories. Cette méthode a été perfectionnée par divers industriels, mais plutôt au point de vue mécanique.

Dans ces derniers temps, on a eu recours aux procédés électrolytiques. Dans un bain de cryolithe et de sodium en fusion passent des électrodes en charbon traversées par un courant électrique de grande puissance. En 1885, Cowles inaugurait la fabrication des bronzes d'aluminium par l'électrolyse. Le procédé est basé sur la décomposition directe de l'aluminium en présence du cuivre par la haute température développée dans l'arc électrique. Peu à peu l'industrie est arrivée à préparer ce métal dans des conditions assez économiques pour le livrer à peu près au prix du cuivre, et, grâce à sa grande légèreté, il tend de plus en plus à remplacer le laiton dans le matériel photographique (tubes d'objectifs, etc.).

La poudre d'aluminium. — L'aluminium, bien qu'il *graisse* assez facilement les limes à cause de sa faible dureté, peut néanmoins se réduire en poudre extrêmement fine; il est d'abord réduit en limaille à l'aide de sortes de fraises, puis trituré à la meule comme les bronzes en poudre. Du reste, le commerce en fabrique de plus en plus à l'heure actuelle pour les bronzes blancs qui servent à l'*argentage* des impressions, etc. La poudre, malgré sa grande finesse, a une couleur blanche très nette; lorsqu'on l'écrase entre les doigts, on ressent comme l'impression d'un savon gras, et les fines particules s'attachent à la peau en lui donnant l'aspect de l'argent brillant; un simple essuyage ne suffit pas pour en débarrasser les papilles de la peau, il faut procéder à un lavage au savon.

C'est cette poudre seule qui brûle bien dans les lampes à poudre pure, l'aluminium en grenaille échappe en grande partie à l'action de la chaleur. On remarque que l'aluminium très porphyrisé donne une légère détonation en brûlant; ce n'est pas un effet propre au métal, mais qui se produit toujours lorsqu'une poudre combustible très fine est mélangée à l'air. Pareille observation est toujours faite dans les incendies de moulins, la fleur de farine mélangée à l'air constitue dans ce cas un mélange

(1) La cryolithe est un fluorure double d'aluminium et de sodium $Al^2Fl^6, 6NaFl$, qui se trouve plus particulièrement en Suède et Norwège.

détonant, qui peut avoir une force suffisante pour faire écrouler les murs de l'usine.

Les prix de l'aluminium. — Il est assez curieux de suivre la baisse successive de prix qu'a subi ce métal; voici le résumé rapide des prix du métal en poudre, pris en gros :

1887	100fr le kilogr.
1889	80 »
1891	50 »
1892	40 »
1893	35 »
1894	25 »

On voit quelle énorme baisse il a subi en peu d'années.

Combustion de l'aluminium. — L'aluminium s'emploie de la même façon que le magnésium, soit dans les lampes à poussière métallique pure, soit sous forme de compositions pyrotechniques; mais il exige toujours une température initiale beaucoup plus élevée que le magnésium pour prendre feu. Ce métal en ruban brûle très mal dans les lampes genre Salomon; la combustion s'arrête très vite, et M. Villon, qui s'est occupé tout particulièrement de l'aluminium comme succédané du magnésium, a reconnu que, pour assurer la combustion du métal en ruban, il fallait employer un chalumeau oxhydrique ou tout au moins un bec Bunsen.

On a dit que l'aluminium donnait moins de fumée que le magnésium, il n'en est rien; la fumée paraît, en effet, plus légère avec l'aluminium et d'une teinte plus grise : cela tient à ce que l'aluminium produit est à un état de division extrême. Si nous calculons les poids des oxydes formés par 1gr de l'un ou l'autre métal, nous trouvons que l'aluminium donnera 1gr,88 d'alumine (Al^2O^3), et le magnésium 1gr,66 de magnésie MgO; le calcul ici tendrait à indiquer que le poids des produits solides est un peu supérieur avec l'aluminium qu'avec le magnésium; quant à la différence observée dans l'aspect des fumées, elle tient surtout à l'état des deux oxydes : le premier donne une poussière très fine, très sèche, comme nous l'avons dit; le second est comme aggloméré en légers flocons.

Nous verrons du reste, plus loin, que la lumière de l'aluminium a un actinisme un peu inférieur à celui du magnésium.

Lampes à poudre d'aluminium. — Les lampes à poudre pure de magnésium peuvent être employées pour l'aluminium, mais cependant à la condition expresse qu'elles fournissent une très forte flamme et que l'aluminium soit en poudre très fine.

Dans les petits modèles de lampes employant soit une bougie, soit une très petite flamme d'alcool, on n'obtient rien, ou l'on n'a qu'un rendement extrêmement faible. Le bec Bunsen est de toutes les lampes celle qui est la plus à recommander : toutefois, avec la petite lampe à alcool et un tube de verre qui nous a servi pour les expériences que nous relatons plus loin, nous avons obtenu des résultats acceptables en imbibant le coton hydrophile de benzol.

M. Villon, pour aider à l'inflammation de l'aluminium, a recommandé le mélange suivant :

Aluminium	100
Lycopode	25
Nitrate d'ammoniaque	5

Il ne nous a pas paru qu'il y avait de ce chef un gain appréciable, et, d'autre part, la présence du nitrate d'ammoniaque rend la poudre extrêmement hygrométrique.

Photopoudres à l'aluminium. — M. Villon, en 1891, a été le premier, croyons-nous, sinon à proposer l'aluminium comme producteur de lumière, tout au moins à l'étudier d'une façon complète.

Il a formulé une série de photopoudres dont voici la composition :

	I		II		III	
Chlorate de potasse	20	parties.	25	parties.	25	parties.
Aluminium en poudre	8	»	10	»	10	»
Sucre	2	»	»	»	2	»
Nitrate de potasse	»	»	5	»	»	»
Sulfure d'antimoine	»	»	4	»	»	»
Cyanure jaune	»	»	»	»	3	»

Nous ferons remarquer que ces poudres présentent les mêmes dangers que les poudres similaires au magnésium : détonation au choc, nécessité de les préparer au tamis, etc.

Nous avons essayé ces trois photopoudres, et ils ont donné lieu aux observations suivantes. Les poudres brûlent plus lentement que le magnésium et fusent en donnant de longues traînées descendantes, principalement le n° 3; le n° 1 a paru le meilleur, il a brûlé dans le laps de temps relativement le plus court : la flamme est plus compacte et n'a donné qu'une très faible traînée (¹).

La fumée est très abondante, lourde, longue à se dissiper, le pouvoir éclairant bien inférieur à celui du magnésium. C'est du reste une question qui sera reprise plus loin. Il a été formulé peu de photopoudres à l'aluminium; nous citerons cependant les suivants dus au professeur Glosenapp.

	I		II	
Chlorate de potasse......	123	parties.	160	parties.
Aluminium..............	54	»	54	»
Sulfure d'antimoine......	»	»	34	»

D'après l'auteur, 1gr de ces mélanges donnerait, pour le premier, un éclair de $\frac{1}{5}$ de seconde, pour le deuxième, un éclair de $\frac{1}{17}$ de seconde.

Ces chiffres viennent à l'appui de nos expériences, puisque Eder a noté que les photopoudres au magnésium donnaient un éclair d'une vitesse de $\frac{1}{20}$ à $\frac{1}{30}$ de seconde.

En pourcentant ces divers photopoudres à l'aluminium, nous trouvons :

Aluminium en poudre...	26,7	22,8	25	31	22,5
Chlorate de potasse.....	66,7	56,7	62,5	69	64
Nitrate de potasse......	»	11,5	»	»	»
Sulfure d'antimoine.....	»	9	»	»	13,5
Sucre..................	6,6	»	5	»	»
Cyanoferrure jaune.....	»	»	7,5	»	»

D'une façon générale, on voit que les auteurs ont mis en moyenne de 2 à 3 de chlorate pour 1 d'aluminium.

II. — LE ZINC.

La chimie du zinc. — Le zinc est un métal d'un blanc bleuâtre dont le symbole est Zn; son poids atomique est de 65, et sa densité varie de 6,86 à 7,30 selon qu'il est simplement fondu ou laminé. C'est un métal ductile et malléable, mais qui ne peut être travaillé qu'à une température de 120° à 125°. Il fond à une température d'environ 500°, et si l'on pousse la chaleur, il prend feu au contact de l'air en brûlant avec une flamme

(¹) Nos expériences sur le magnésium tendent à nous faire penser que les traînées sont dues à la porphyrisation du métal.

blanche très brillante, ce qui a conduit à l'idée de l'essayer comme source de lumière artificielle. Sa combustion donne lieu à un oxyde blanc, se présentant sous une forme floconneuse, qui l'avait fait appeler par les anciens chimistes *lana philosophica* ou *pompholix*.

Cet oxyde est employé dans les arts sous le nom de *blanc de zinc;* la combustion du zinc n'est donc pas plus que les métaux précédents exempte de fumée, et 1^{gr} de ce métal donne $1^{gr},24$ de produits solides.

Le principal minerai de zinc est la *calamine,* silicate hydraté de zinc; à la Vieille-Montagne, on exploite un mélange de silicates, carbonates et oxydes de zinc, tantôt pur (mine blanche), tantôt coloré par des sesquioxydes de fer (mine rouge). Le minerai est calciné, puis mis en poudre; on réduit par la chaleur, en mélangeant 2 parties de calamine et 1 partie de charbon de houille pulvérisé: le zinc, au fur et à mesure de sa production, distille et vient se condenser dans des allonges.

Nous avons dit que le zinc avait été allié ou mélangé au magnésium, soit pour abaisser le prix de revient de celui-ci, soit pour falsifier les poudres magnésiennes; mais il est à remarquer que ce métal pur ne peut rendre aucun service réel en Photographie.

Expériences sur l'actinisme de la lumière du zinc. — La lumière du zinc est, en effet, très peu riche en rayons actiniques, ainsi qu'il ressort d'une étude publiée dans le *British Journal of Photography* (10 septembre 1869).

Les auteurs de cette Note s'étaient rendus dans une importante fabrique de blanc de zinc afin d'étudier la nature de la lumière émise par le métal en combustion. On sait que, pour obtenir le blanc de zinc (oxyde de zinc), on chauffe le métal au rouge blanc, puis on introduit un fort courant d'air dans le four: le zinc prend feu immédiatement en donnant des nuages blanchâtres, qui avaient attiré l'attention des alchimistes, par suite de l'analogie de l'oxyde de zinc déposé avec les masses laineuses. Cette explication donnée, nous laissons la parole aux auteurs de la Note:

« Nous avons obtenu un large faisceau de lumière de zinc, en pratiquant dans le fourneau une ouverture de quatre pouces sur six, et, avec cette vive et brillante lumière, nous avons fait quelques expériences que nous allons rapporter maintenant.

» Lorsque nos yeux ont été habitués à l'éclat du fourneau, il nous a été facile de reconnaître que la couleur de la lumière de zinc était non pas blanche, mais bien nettement jaune verdâtre. En examinant cette lumière au spectroscope, nous avons observé que les rayons principaux émis par le métal en combustion étaient ceux occupant les portions rouge, jaune et verte du spectre, tandis que les rayons bleus, quoique présents, n'avaient qu'une faible réfrangibilité et que la lumière bleue se trouvait par conséquent faible, comparativement aux autres. L'étendue du spectre du côté le plus réfrangible était limitée au point correspondant à peu près au milieu entre les raies F et G du spectre solaire.

» Les résultats obtenus par l'examen spectroscopique de cette flamme nous ont conduit à penser que son pouvoir photographique serait très faible, et cette manière de voir s'est trouvée confirmée par les essais que nous avons faits de cette lumière sur des surfaces sensibles. Nous avons reconnu, en effet, que le temps de pose nécessité par l'emploi de la lumière du zinc était six fois environ plus considérable que celui exigé par un simple ruban de magnésium, quoique, dans ce dernier cas, il n'y eût que quelques grains de métal brûlé, tandis que, dans le premier, le produit brûlé dépassait à coup sûr plusieurs onces de zinc métallique.

» Nos expériences ont donc été toutes négatives : elles montrent qu'il n'y a probablement aucun service à attendre du zinc en combustion considéré comme source de lumière photographique.

» La meilleure manière de produire, sur une petite échelle, la lumière du zinc en combustion consiste à faire passer un courant d'hydrogène sur quelques gouttes de zinc-éthyle ([1]) disposées dans un tube. L'hydrogène en passant entraîne une certaine quantité de zinc-éthyle qui, en arrivant au contact de l'air, prend feu spontanément. En brûlant ainsi, le gaz produit une belle flamme bleu verdâtre, et donne naissance à une abondante production d'oxyde de zinc dont les fumées ne tardent pas à se condenser dans l'atmosphère ([2]) ».

Expériences personnelles sur le zinc. — Nous avons voulu avoir le cœur net sur la possibilité d'emploi de la poudre de zinc : à la molette nous avons réduit de la limaille de ce métal à un état de poudre impalpable qui a pris un aspect gris noir tout particulier en se porphyrisant. Essayé dans un photospire, il ne nous a absolument donné aucune lumière; avec la lampe Berjot, alimentée par du benzol, nous avons obtenu une sorte d'éclair assez étroit et très élevé qui ne nous a pas paru avoir une intensité suffisante pour donner une épreuve.

([1]) Le zinc-éthyle est un radical organo-métallique, combinaison de l'éthylène et du zinc, donnant un liquide de la formule $(C^2H^5)^2Zn$.

([2]) Extrait du *Bulletin de la Société française*, novembre 1869, page 307.

Essayé en photopoudre, il ne nous a donné que des résultats négatifs; il n'y a donc pas lieu, à notre avis, de poursuivre l'étude de ce métal.

Ces expériences reprises avec du zinc granulé ont donné les mêmes résultats.

Essais d'autres métaux. — On a essayé à plusieurs reprises de provoquer l'incandescence de poudres métalliques dans un courant d'oxygène; *Paris-Photographe,* dans sa correspondance de l'étranger, cite l'expérience suivante due à Abney :

« Continuant l'étude de l'incandescence des métaux dans l'oxygène, le capitaine Abney a expérimenté l'argent. Environ 40 grains (près de 3gr) d'argent réduit en poudre ont été insufflés avec l'oxygène dans une lampe Nadar. La lumière ainsi obtenue était fort brillante et a permis de photographier l'intérieur d'une chambre. L'argent n'a pas été perdu, en ce sens qu'il retomba autour de la lampe et put être ramassé (!!). Dans ces expériences, l'incandescence des métaux donne une clarté égale à l'incandescence du charbon (et non pas de la vapeur de charbon) dans la lumière électrique. »

Nous avons copié exactement la Note du secrétaire du *Camera-Club,* nous n'insisterons pas sur sa valeur, on ne peut obtenir ainsi qu'une lumière de peu d'intensité, mais coûtant fort cher en revanche, car nous n'avons que peu de confiance dans la possibilité de retrouver l'argent injecté et surtout de le retrouver intact.

SCÈNE DE GENRE AU MAGNÉSIUM.

Réduction d'un phototype 18 × 24 de M. Brichaut. Objectif spécial de 20cm de foyer.

$D = \frac{f}{12}$. 12gr de poudre Brichaut.

Page 100.

Phototype Brichaut. Photocollographie J. Royer, Nancy.

SCÈNE DE GENRE AU MAGNÉSIUM.

CHAPITRE X.

LA PRATIQUE DES LUMIÈRES AU MAGNÉSIUM.

SOMMAIRE : Généralités. — Mise au point et en plaque. — Portraits et groupes au magnésium. — Appareil Klary. — Photographie des intérieurs. — Le magnésium remède contre le halo. — Portrait en double exposition. — Scènes de genre. — Photographie des grottes et cavernes. — La photographie sous-marine. — L'instantané au magnésium. — Insolation des couches sensibles. — Agrandissements. — Orthochromatisme.

Généralités. — Nous ne nous occuperons, dans ce Chapitre, que des lumières au magnésium parce que, seules, elles sont de pratique courante pour les amateurs. Nous laisserons de côté les lampes à ruban, qui sont à peu près abandonnées et ne donnent que des résultats imparfaits.

Deux systèmes, avons-nous dit, sont en présence : la poudre métallique pure et les photopoudres, ou préparations pyrotechniques au magnésium. Chacun de ces systèmes a ses partisans et ses détracteurs, et il en est qui ne veulent et n'admettent que l'une de ces méthodes en proscrivant absolument l'autre. Nous avons essayé, en les étudiant, de poser impartialement les qualités et les défauts de chacune, et nous les caractériserons de la façon suivante :

La poudre métallique pure fournit le maximum d'intensité pour une quantité de magnésium donné; les photopoudres offrent, en revanche, un maximum de rapidité. Il y a donc lieu d'employer l'une ou l'autre de ces méthodes judicieusement, suivant le cas.

Avons-nous de grands espaces à photographier? servons-nous d'une lampe à poudre de magnésium, surtout si aucun mouvement rapide n'anime la scène à prendre; s'il s'agit, au contraire, de saisir une scène instantanée, préférons le photopoudre.

Avec les petites lampes à magnésium, n'oublions pas que la lumière directe, seule, donne de mauvaises images, heurtées : il vaut donc mieux multiplier les lampes, quitte au besoin à diminuer dans certaines la quantité de magnésium ou à l'affaiblir par des écrans ou des verres bleutés.

Pour les portraits, dans une chambre, d'une façon générale il est bon de créer un foyer très puissant, de telle sorte qu'une partie de la lumière se diffuse sur les parois et surtout sur le plafond blanc de la chambre et donne les effets de demi-teinte nécessaires : cette règle est si vraie que, si l'on essaie de photographier le soir en *plein air* avec la lumière magnésienne, quelle que soit l'intensité du foyer, on n'obtiendra que des effets de *plein soleil,* c'est-à-dire durs, sans pénombres adoucies.

On a discuté sur la position à donner au foyer de lumière, les uns ont voulu le placer bas, sous le très fallacieux prétexte d'éclairer les pieds du modèle ; c'est là une profonde erreur, on n'arrive ainsi qu'à produire des effets de lumière absolument contraires à ceux que nous avons l'habitude d'observer. Le foyer devra être surélevé, en arrière, bien entendu, de la chambre noire, de telle sorte qu'aucun rayon ne pénètre dans l'objectif et, par suite, ne voile la plaque. De préférence, il sera de côté, afin d'éviter une projection de l'ombre de la chambre vers le modèle, et des retombées de métal enflammé sur la chambre.

Il est à recommander de recouvrir soigneusement la chambre de son voile noir pour éviter qu'une fissure, si imperceptible qu'elle soit, ne donne passage à la lumière magnésienne et ne produise, par suite, du voile. C'est même dans cet ordre d'idées que plusieurs expérimentateurs ont conseillé de garnir le parasoleil d'un cône de papier noir pour empêcher tout retour de lumière produite par des particules de magnésium projetées.

Mise au point et en plaque. — Quelques auteurs ont préconisé, pour la mise au point et en plaque, d'éclairer suffisamment le sujet avec des lampes ou des becs de gaz, de manière à pouvoir observer directement sur le verre dépoli : nous ne trouvons pas que ce soit là une méthode très pratique, si ce n'est pour le portrait, car il y a lieu de munir l'objectif d'un obturateur instantané, fonctionnant en même temps que l'éclair magnésien, ce qui n'est pas toujours facile à obtenir. Nous préférons opérer dans une demi-obscurité, les divers plans sont marqués par de petits bouts de bougie allumés : un au centre, un à l'avant du sujet et deux autres limitant à droite et à gauche la surface embrassée par l'objectif. On met exactement au point sur la bougie centrale, on fait déplacer les bougies latérales jusqu'à ce qu'elles soient *vues* sur le bord de la plaque, et l'on vérifie si la bougie d'avant est contenue, elle aussi, sur la plaque, et, au besoin, on la change de position. Ceci fait, on a déterminé exactement le champ qui sera photographié ; il n'y a plus qu'à disposer les personnages. Bien entendu, l'objectif aura été fortement diaphragmé, pour donner la netteté et la profondeur de foyer nécessaires, et au moment d'opérer on aura retiré les bougies.

Portraits et groupes au magnésium. — La pratique du portrait au magnésium est chose fort délicate; l'emploi d'un seul foyer ne donne que des figures plates du plus désagréable effet. Il est absolument utile d'employer au moins deux foyers d'inégale valeur destinés à donner, l'un, la lumière directe, l'autre, les effets de lumière diffuse; on diminue l'intensité du foyer secondaire en interposant soit un écran de verre bleuté, soit un écran de papier ou de mousseline transparente.

Tous les praticiens qui ont ainsi exécuté des portraits s'accordent à reconnaître qu'avec la lumière magnésienne l'emploi des plaques orthochromatiques est à recommander; elles donnent des tons et des valeurs plus justes, notamment elles rendent mieux les cheveux, les moustaches blondes et les yeux bleus.

Comme dans le portrait, la mise au point est très importante; il sera bon d'éclairer fortement le modèle, de manière à pouvoir suivre cette opération sur le verre dépoli; au besoin, on atténuera les lumières auxiliaires avant de commencer la pose, ou l'on emploiera un dispositif pour agir à la fois sur l'obturateur et l'appareil de mise de feu. Avec les lampes à magnésium pur, un tube bifurqué allant de la poire aux deux appareils suffira, la pression sur la poire les faisant agir simultanément.

Nous avons vu de très jolis portraits, obtenus au magnésium, avec des effets de lumière très délicats; mais, nous le répétons, il y a là une série de petites difficultés, de tours de main qu'un livre ne peut indiquer, mais qui s'imposent à l'attention du photographe.

Les photographies de groupes présentent aussi de graves difficultés, il y a lieu d'employer de nombreux foyers pour éviter la dureté des ombres portées, qui pourraient produire des effets désastreux sur les personnages de second plan.

On a proposé, lorsqu'on se sert de poudre-éclair, de répartir la charge en une longue traînée, disposée dans une sorte d'auget en V : afin d'activer la rapidité de combustion, on a recommandé de mettre le feu au milieu de cette traînée; nous ne saurions nous prononcer à cet égard, n'ayant pas fait d'expériences directes, mais nous avons peine à croire que le résultat soit bon ; il nous semble qu'on doit avoir ainsi des figures trop éclairées, sans pénombres, et, par suite, l'image générale doit être plate.

M. Boyer, l'habile photographe, qui reproduit journellement les scènes principales des pièces à succès, emploie la lampe construite par M. Poulenc, et dispose, devant ses modèles, jusqu'à cinq et six de ces appareils; l'insufflation du magnésium est faite avec un fort soufflet dont le tuyau communique par un ajutage à plusieurs branches aux différentes lampes; chacune de celles-ci contient une charge de 1gr de

Fig. 14.

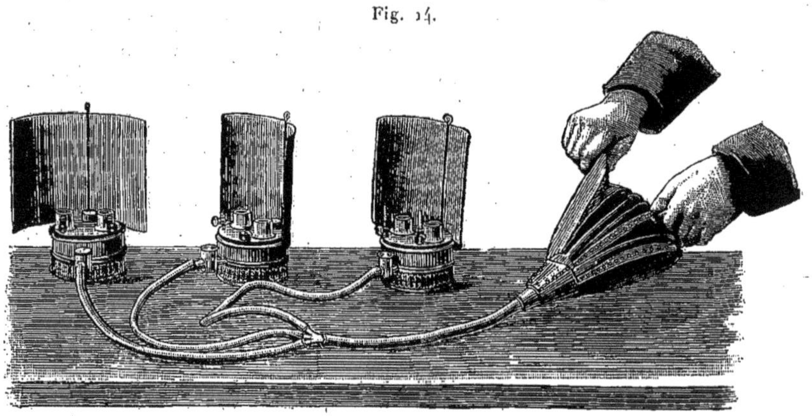

Lampes multiples Boyer.

poudre de magnésium. Nous donnons ci-dessus (*fig.* 14) une figure schématique de ce dispositif.

Appareil Klary. — M. Klary a inventé un système particulier d'éclairage au magnésium, destiné surtout à obtenir des portraits de grandes dimensions; l'appareil se compose essentiellement de plusieurs rangées horizontales de tubes communiquant avec une canalisation de gaz d'éclairage. Chaque tube est percé de trous qui donnent chacun un jet de flamme; en arrière de ces trous sont disposées de petites coupelles montées sur axe et agencées de telle sorte que d'un seul coup de poire toutes ces coupelles se rabattent ensemble vers les jets de flamme. Comme, d'une part, on a eu soin de garnir chacune d'elles d'une petite quantité d'un photopoudre spécial composé par M. Klary, que, d'autre part, la poire en caoutchouc qui actionne les coupelles fait en même temps marcher l'obturateur, il en résulte qu'au moment où l'objectif est démasqué, le modèle se trouve inondé de lumière, non émise par un seul point, mais bien par une surface très large.

Nous avons vu, ainsi obtenus par l'habile opérateur, des portraits grandeur nature, ou des portraits en pied 40 × 50 d'un très artistique effet : la lampe, si l'on peut ainsi appeler un tel appareil, comportait trente-six becs de gaz, répartis par six sur six rangées, donnant une surface d'éclairage de près de 3^{mq}. Il est inutile d'employer une grande quantité de poudre ; une très faible charge par coupelle suffit pour assurer un très bel éclairage, en vertu de ce principe de division de la charge sur lequel nous aurons à revenir dans la Seconde Partie de cet Ouvrage. Nous savons que M. Klary étudie un plus petit modèle destiné aux amateurs, et nous estimons, étant donnés les résultats que nous avons vus et admirés, qu'il y a là une méthode à la fois neuve et très pratique. M. Klary nous a bien fait remarquer, modestement, qu'il n'avait cherché qu'à rendre plus commode l'application des théories et des dispositifs de Schirm [1], mais nous devons reconnaître que l'appareil Klary est bien supérieur, comme disposition et emploi, à celui du praticien allemand. D'autre part, il est loisible d'employer l'appareil en atelier, en plein jour, ce qui facilite la mise au point et en plaque.

Photographie des intérieurs. — Plus facile, à certains points de vue, est la photographie des intérieurs, de nos chambres et salons, dont le plafond blanc constitue un excellent réflecteur, diffusant très bien la lumière. On obtient ainsi de très jolies scènes, reflets de la vie privée, qu'il est très facile d'animer par la présence des hôtes habituels : telle cette reproduction du salon d'une de nos grandes cantatrices si habilement faite par M. Brichaut et que nous mettons en frontispice. Mais il est certains points sur lesquels il importe d'appeler l'attention de l'opérateur ; on devra éviter avec soin les glaces, vitrines et autres objets brillants qui pourraient refléter le foyer lumineux et produiraient, par suite, des effets très disgracieux. Si l'on emploie une forte charge, il sera inutile d'avoir recours à plusieurs foyers, les réflexions du plafond et de la muraille, surtout si celles-ci sont tendues de papiers et d'étoffes claires, suffiront à assurer la diffusion. La lumière devra tomber de haut pour imiter les effets habituels d'éclairage ; si la chambre contient des lumières allumées, tel sera le cas, par exemple, quand on aura à photographier une salle de bal, il sera bon d'ouvrir l'objectif quelques instants avant de faire partir l'éclair magnésien, de cette façon les flammes auront eu le temps d'impressionner la plaque et de fournir leur image ; sinon, noyées dans la grande clarté du magnésium en com-

---

(1) *Voir* KLARY, *La Photographie nocturne.*

bustion, leurs flammes rougeâtres ou jaunes n'auraient pas le temps de donner trace de leur existence.

C'est là surtout, dans le cas d'une réunion mondaine, qu'il est utile de faire usage de plaques orthochromatiques, sinon les toilettes claires des invitées, mal rendues par la plaque ordinaire, trancheront vigoureusement sur les visages, et le pauvre amateur qui n'aura pas eu la précaution de se munir de ces préparations pourrait avoir à se repentir plus tard d'un tel oubli.

Une très intéressante application de ce genre de photographie a été faite pour la première fois à Épernay, le 8 mars 1890, par M. Londe [1]: au début de sa conférence, il a exécuté le cliché de son auditoire, brûlant 5^gr de poudre Dida et, tandis qu'il expliquait son sujet, son préparateur développait le cliché et en tirait un positif pour projection qui put être passé sous les yeux des auditeurs à la fin de la séance. Ce petit tour de force en Photographie, a été depuis répété à plusieurs reprises et a toujours le don de plaire beaucoup au public, charmé de voir son image reproduite en si peu de temps.

Le magnésium remède contre le halo. — On sait que, lorsqu'on photographie un intérieur peu éclairé, demandant, par suite, une longue pose, et que, dans le champ de l'objectif, se trouve une fenêtre ou une baie quelconque fortement éclairée, la différence de luminosité se traduit par une auréole grisâtre qui noie les contours de la baie et les rend irréguliers. D'autre part, tous les objets ainsi que les croisillons des fenêtres, qui se détachaient sur la baie, sont envahis par la réduction du bromure d'argent, donnant sur le positif une grande tache blanche auréolée, rendant absolument méconnaissables les lignes de la partie éclairée.

C'est là ce qu'on nomme le halo photographique, dû, comme on le sait, à la réflexion, par le dos de la glace, des rayons en excès qui ont pu pénétrer la couche. M. P. Nadar et M. Londe ont eu tous deux l'idée qu'on pourrait supprimer le halo en éclairant au magnésium la chambre intérieure, la pose serait ainsi très réduite et le halo n'aurait pas le temps de se produire : l'expérience a parfaitement confirmé la théorie.

---

(1) M. Londe a rendu compte en détail de cette expérience dans le *Journal des Sociétés photographiques*, 1890, n° 4, page 77. L'insolation du positif a été obtenue avec un fil de magnésium brûlé à 0^m,50 du châssis; l'opération totale, depuis la prise du négatif jusqu'à la projection du positif, n'a pas dépassé trente-cinq minutes; comme on le voit, nous avons le droit d'appeler cette expérience un petit tour de force photographique.

M. P. Nadar a pu photographier des personnages assis auprès d'un vitrage éclairé du dehors; non seulement les silhouettes sont parfaites, mais les figures ont le détail voulu. M. Londe a fait, dans plusieurs salles des hôpitaux de Paris, des épreuves du même genre, et il a publié, entre autres dans *Photo-Journal,* deux épreuves représentant un atelier éclairé par un vitrage découpé dans la toiture; l'une a été faite avec la pose ordinaire, l'autre avec un éclair magnésien : dans celle-ci, l'absence totale de halo, si visible dans la première épreuve, montre le parti qu'on peut tirer de cette méthode.

Nous ajouterons que, si la baie éclairée donne sur un joli paysage en posant d'abord une très petite fraction de temps pour avoir ce paysage, puis en lançant un éclair magnésien, l'épreuve nous montrera et l'intérieur de la chambre parfaitement venu et la vue du dehors parfaitement complète.

Si la baie éclairée est constituée par un vitrail à verres de couleurs, on opérera de même; mais, pour avoir les détails du vitrail, très souvent en tonalités inactiniques, il y aura lieu de poser un peu plus longtemps, l'éclair magnésien viendra ensuite fournir les motifs de l'entourage intérieur.

Portrait en double exposition. — On peut obtenir de jolis portraits en combinant la lumière du jour et celle du magnésium : à plusieurs reprises, des amateurs nous ont montré de très intéressantes épreuves ainsi obtenues.

Dans le *Bulletin du Photo-Club,* un habile amateur, M. le capitaine Puyo, a indiqué en ce sens un très original procédé; nous résumerons à grands traits cette communication.

Il s'agit d'imiter les effets d'éclairage du soir : on opère dans la journée en disposant la scène, par exemple une jeune femme lisant à la clarté d'une lampe, de telle sorte que la lumière du jour ne vienne que par le bas : on a soin d'éliminer autour du sujet les points brillants. On place, sur le bec d'une lampe à pétrole à colonne une lampe à poudre pure, et on la dissimule à l'aide d'un grand abat-jour, non combustible, dont on garnit l'ouverture supérieure d'un disque de fer-blanc, pour empêcher la lumière de filtrer au dehors. On pose d'abord à la lumière du jour quelques instants, puis on donne le coup de poire, qui fournira l'éclairage venant de la lampe. L'héliogravure, publiée par le *Bulletin du Photo-Club,* et obtenue de cette façon, montre le parti artistique qu'on peut tirer d'un tel dispositif.

Nous avons signalé ces tours de main, mais le lecteur saura trouver, dans le même sens, des combinaisons lui permettant d'obtenir une variété d'effets presque inépuisable.

Scènes de genre. — Le magnésium permettra encore de photographier dans nombre d'ateliers, généralement mal éclairés ou tout au moins insuffisamment pour pouvoir obtenir un cliché, des scènes de la vie journalière, du plus charmant effet.

Telle, par exemple, cette forge parisienne, que nous reproduisons en tête de ce Chapitre et qui a été photographiée par l'habile M. Brichaut. (*Pl. V*).

Puisqu'on est maître de sa lumière et de ses effets, on peut disposer l'appareil en place convenable pour avoir une mise en plaque artistique; mais le point délicat est d'obtenir des modèles vivants une pose convenable. L'homme et plus particulièrement l'ouvrier, pose mal; il est gêné par cet appareil nouveau, qui va reproduire ses traits, il se guinde et sa pose devient prétentieuse. Le mieux est d'employer dans ce cas la poudre-éclair qui opérera instantanément; on persuadera au modèle que l'on n'est pas prêt, il y a encore des préparatifs à faire, on l'engagera à se remettre au travail; puis, l'air tout affairé par un arrangement, inutile au fond, on saisira le moment où la scène paraît se bien présenter pour allumer prestement la charge de photopoudre. De cette manière seulement, on arrivera à faire « du vécu » et le résultat obtenu compensera les trésors de diplomatie et de patience déployées. Sinon on aura une scène fausse, maladroite, dont l'invraisemblance sautera aux yeux; savoir poser, surtout naturellement, est toute une science et j'en appelle à tous ceux qui ont fréquenté les ateliers de Photographie, dès que la malencontreuse phrase : « Prenez donc une pose naturelle! » est prononcée, on voit aussitôt le modèle se raidir en une attitude absolument inhabituelle.

Ce sont là des faits d'observation constante que l'opérateur ne devra point oublier, et les éclairs magnésiens lui seront d'un grand secours pour éviter de disgracieux effets.

Photographie des grottes et cavernes. — Dans une très intéressante communication, parue dans le *Bulletin de la Société française* [1], M. J. Vallot, l'explorateur bien connu, a résumé ses observations au

[1] *Bulletin de la Société française de Photographie*, séance du 2 mai 1890, page 239.

Phototype Vallot. Similigravure Petit.

GROTTE DU MAS DE ROUQUET.

Photographie obtenue par M. J. Vallot, en 1889. Détective Nadar. $D = \frac{F}{12}$
2gr de magnésium brûlés dans la lampe Vallot.

sujet de l'emploi des lumières artificielles pour la photographie des grottes et cavernes.

Il proscrit l'emploi des feux pyrotechniques, qui donnent une fumée très intense pouvant être une cause de danger pour l'expérimentateur en rendant l'air irrespirable. La lampe à fil de magnésium, ainsi que l'a constaté M. Martel dans son étude dans les Causses, exige une pose assez longue, qui atteint jusqu'à dix minutes, et la fumée dégagée a empêché souvent, en formant un voile semi-transparent, de prolonger la pose autant qu'il aurait été nécessaire.

Les photopoudres présentent les mêmes inconvénients que les compositions pyrotechniques, et, de plus, M. Vallot fait remarquer avec juste raison que : « Il arrive souvent que les hommes d'équipe laissent tomber un paquet ou tombent eux-mêmes avec leur charge. Si, par malheur, un flacon de poudre-éclair venait à éclater en se brisant, l'explosion produite pourrait avoir les conséquences les plus terribles. » Reste donc seule utilisable la poudre pure de magnésium, et nous reproduisons le passage suivant de sa communication, qui renferme des indications très précieuses :

« La difficulté était d'obtenir un éclair assez intense. Les quantités de $\frac{1}{4}$ de gramme ou même de $\frac{1}{2}$ gramme de magnésium, que brûlent les appareils actuellement en usage dans notre pays, étant beaucoup trop faibles, il fallait trouver une lampe convenable. Je dois à l'obligeance du Dr Regnard d'avoir vu fonctionner la lampe-signal au magnésium qu'il a imaginée : c'est cette lampe que j'ai employée, après l'avoir simplifiée et modifiée pour l'adapter aux conditions d'éclairage que je désirais.

» L'appareil se compose d'une lampe Berzélius à alcool, à bec circulaire, portée sur trois pieds, et au milieu de laquelle vient déboucher le tube contenant le magnésium. Le bec a 17^{mm} de diamètre intérieur ; le tube de magnésium a 6^{mm} de diamètre ; il se recourbe en forme d'U sous la lampe, et vient se fixer du bord au réservoir. L'une des branches de l'U vient déboucher, comme je l'ai dit, au milieu du bec à alcool, et son extrémité doit être au niveau de la mèche : cette extrémité ne doit pas être rétrécie, sous peine de donner de mauvais résultats. L'autre branche de l'U sert à l'introduction de la poudre de magnésium, à l'aide d'un petit entonnoir qu'on fixe sur un tube de caoutchouc.

» Pour opérer, on allume la lampe à alcool et l'on monte suffisamment la mèche pour avoir une flamme de 10^{cm} à 15^{cm}. On verse le magnésium, on remplace l'entonnoir par un tube de caoutchouc fixé sur un soufflet, et l'on souffle vivement : la combustion est instantanée et complète.

» Pour prendre le magnésium dans le flacon, je me sers d'une cuiller à moutarde contenant 1^{gr} de poudre; 2^{gr} de magnésium donnent une belle lumière de près de 2^{m} de hauteur; c'est la dose dont je me suis constamment servi, après quelques essais; elle ne peut être dépassée avec un tube de 6^{mm}. Les résultats n'ont été très bons qu'avec les plaques les plus rapides et les révélateurs les plus énergiques... J'ajouterai que la poire en caoutchouc n'est pas suffisante pour lancer vigoureusement une quantité de magnésium aussi considérable, le soufflet est indispensable.

» Comme il serait commode d'opérer avec une lumière plus intense, j'ai fait de nouveaux essais en modifiant le tube à magnésium. En employant un tube de 1^{cm} de diamètre, on peut lancer 4^{gr} de magnésium d'un seul coup. Il faut seulement que l'extrémité qui est dans la flamme soit légèrement rétrécie et ne dépasse pas 8^{mm}. »

Les deux photographies (*Pl. III* et *VI*) que nous insérons dans ce volume et dues à l'obligeance de M. Vallot montrent à quels résultats intéressants a pu parvenir cet habile amateur.

Nous avons déjà signalé l'emploi fait, il y a quelque trente ans, de la lumière électrique par M. Nadar; nous reviendrons ici sur ces épreuves.

La *Pl. VII, a* nous montre l'appareillage électrique; à notre gauche est le wagonnet qui supporte le régulateur dont le puissant faisceau éclaire la voûte et, plus loin, le second wagonnet qui porte la série des piles. Nous avons dit de quelle somme de patience avait dû s'armer M. Nadar, mais la figure réduite (*Pl. VII, b*) que nous donnons montre à quels jolis résultats il avait pu arriver; grâce à lui, les dessous parisiens devenaient chose connue.

Plus tard, il a voulu reproduire les Catacombes qui s'étendent sous une grande partie de la grande ville, et il en a rapporté de très curieux documents dont nous reproduisons ici deux clichés très réduits. C'est d'abord (*Pl. VII, c*) un ouvrier poussant devant lui un petit chariot rempli d'ossements. Ceux-ci proviennent de nos grands cimetières parisiens, mis en communication avec les Catacombes par de grands puits, dans lesquels on jette pêle-mêle les ossements au fur et à mesure des fouilles nouvelles.

Avec ces restes les ouvriers construisent entre les piliers des Catacombes des sortes de murailles, dans lesquelles ils ont soin de disposer les crânes et les tibias de manière à former de macabres dessins, c'est ce qu'ils nomment des *façades* : tel ce muraillement que nous montre la *Pl. VII, d*, et formé, ainsi que nous l'apprend une inscription, avec

PHOTOGRAPHIE DANS LES EGOUTS.

a. L'appareillage électrique. *b.* Intérieur d'un égout.

LES CATACOMBES DE PARIS.

c. Transport des ossements. *d.* Une façade.

Phototypes de M. Nadar à la lumière électrique.

les ossements extraits du cimetière de Vaugirard. A quelles étranges promiscuités doit donner lieu un tel arrangement!

Quoi qu'il en soit, le lecteur peut concevoir, en regardant les quelques spécimens que nous mettons sous ses yeux, le précieux concours apporté par les lumières artificielles : grâce à elles, peuvent s'amasser des documents d'un incontestable intérêt pour le présent, mais plus grand encore pour l'avenir.

La Photographie sous-marine. — Une très curieuse application du magnésium a été faite, l'année dernière, par M. Boutan, pour obtenir des photographies sous-marines ([1]); ce n'est pas que nous pensions que ce mode d'opérer puisse devenir courant, mais il nous a semblé qu'il était utile de le décrire dans un livre consacré aux applications des lumières artificielles.

L'appareil dont se sert M. Boutan, et dont la *fig.* 15 ci-dessous nous

Fig. 15.

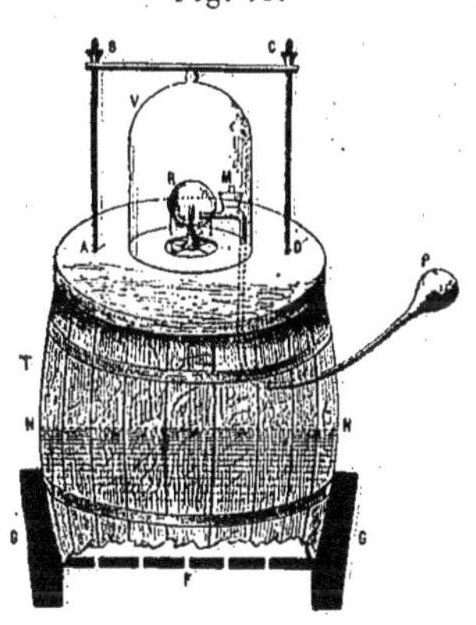

Appareil au magnésium de M. Boutan.

donne l'aspect extérieur, se compose d'un tonneau T rempli d'un mélange d'air oxygéné et lesté par des gueuses en fonte GG. Le fond F du tonneau est percé de trous pour permettre la rentrée de l'eau au fur et à mesure de la consommation de l'oxygène, et, lorsque l'appareil est immergé, le niveau de l'eau arrive en NN. Sur le tonneau est fixée une table portant une ouverture en son centre, dans laquelle est montée une

([1]) *Voir* entre autres l'article du *Paris-Photographe*, 1893, p. 247. — Les figures que nous donnons ici (*fig.* 15 et *Pl. VIII*), extraites de ce journal, nous ont été obligeamment communiquées par M. Nadar.

lampe à alcool L, montée sur une suspension à la Cardan, munie à l'arrière d'un réflecteur R et sur le côté d'un tube à réservoir de magnésium M, actionné par une poire en caoutchouc P. Tout l'appareil est recouvert d'une cloche en verre V, assujettie par des tiges en métal à vis formant au-dessus d'elle comme un portique ABCD.

A l'aide de ce dispositif, M. Boutan a pu brûler jusqu'à 4^{gr} de magnésium et a obtenu entre autres les deux épreuves que nous donnons ici, (*Pl. VIII*) prises aux environs de l'île Grose, non loin de la station zoologique de Banyuls.

Le défaut général de ces clichés consiste dans leur peu de profondeur, les premiers plans seuls sont nets, et nous croyons que cet effet est dû en grande partie au peu de pénétration des rayons magnésiens.

L'instantané au magnésium. — Nous avons montré, à la fin du Chapitre VIII, en rapportant les expériences de M. Londe à la Salpêtrière, quelle rapidité pouvait atteindre l'éclair magnésien, surtout lorsqu'on se sert de photopoudres. On conçoit qu'on peut profiter d'une telle lumière pour photographier une courte phase d'un mouvement rapide, sans avoir à s'occuper d'un obturateur quelconque; malheureusement, à moins d'une installation spéciale, il ne sera possible de faire qu'une seule épreuve, les fumées du magnésium envahissant rapidement la pièce où se font les expériences.

Insolation de couches sensibles. — Le magnésium, plus particulièrement en fil ou en ruban, sera employé avec succès pour l'insolation des positifs sur papier ou sur verre. Le négatif et la couche sensible étant disposés à la manière habituelle dans un châssis, on fait brûler le métal à 50^{cm} ou 60^{cm} en avant. Il vaut mieux disposer le châssis verticalement que de le poser horizontalement; en mettant le fil au-dessus, on risque, par cette dernière méthode, de voir du magnésium en feu tomber sur la glace et la briser, ou tout au moins produire une tache en formant écran sur le négatif. 15^{cm} à 20^{cm} de magnésium sont, en général, bien suffisants; l'emploi d'une lampe à horlogerie et à réflecteur, qui concentre mieux la lumière, permet de diminuer cette quantité.

MM. Humphrey et Poulenc ont organisé la lampe à oxymagnésium pour le tirage rapide des épreuves. Au centre d'un bâti carré, est placée la lampe Humphrey (1); sur les quatre faces du bâti, on dépose les châssis

(1) Voir *fig.* 12, p. 71.

PHOTOGRAPHIES SOUS-MARINES AU MAGNÉSIUM.

Phototypes Boutan.

garnis de leur cliché et du papier sensible. Un entonnoir latéral et un piston servent à mettre la charge dans l'intérieur de la lampe. D'après les notes qu'ont bien voulu me fournir MM. Poulenc, la lumière fournie serait de 30 000 bougies. (C'est fort possible, nous avons vu manœuvrer l'appareil, et le foyer est réellement insupportable pour l'œil.) La charge est de 1gr de magnésium pur; on répète les éclairs s'il y a lieu. Pour un négatif de densité moyenne :

1 éclair suffit pour le papier au platine.
2 éclairs suffisent pour le papier à la colloïdine.
4 éclairs, pour le papier albuminé.

Cet appareil, comme on le voit, peut rendre de réels services dans un laboratoire à haute production.

Agrandissements. — A plusieurs reprises, on a proposé de faire les agrandissements à la lumière magnésienne; des sortes de lanternes de projection ont été construites dans ce sens, mais la nécessité de faire des nettoyages fréquents, par suite des dépôts de magnésie sur les verres et les condensateurs, a fait très vite abandonner ce procédé. MM. Merville et Lansiaux ont proposé, en 1891, un appareil à photo-poudre pour les petits agrandissements : dans une chambre à trois corps, le cadre central supporte l'objectif, et dans les cadres extérieurs sont placés, d'un côté, le négatif, de l'autre, la préparation sensible. Derrière le négatif, est disposé un petit godet dans lequel se brûle le photo-poudre; nous n'avons pas essayé l'appareil, mais il nous paraît bien disposé pour le but à atteindre. Les inventeurs font remarquer que, parmi les divers avantages de cette méthode, il n'y a plus à compter avec le temps de pose, puisqu'on opère en instantané : ceci est sujet à caution, car il y a lieu alors de se préoccuper du diaphragme, qui devra varier avec l'opacité ou la transparence du négatif; il en sera de même de la quantité de magnésium à brûler.

Orthochromatisme. — La lumière du magnésium est très riche en rayons embrassant toute la gamme du spectre; nous avons vu qu'il était très avantageux d'employer avec elle les plaques orthochromatiques; nous ajouterons que, pour des cas particuliers, il sera facile, avec des sels métalliques convenablement choisis, d'augmenter sa capacité pour telle ou telle radiation donnée.

Eder ajoute à la poudre pure 5 ou 6 parties d'azotate de soude pour

1 partie de métal; il a ainsi une lumière très riche en rayons jaunes, qui, jouant le rôle des verres jaunes que l'on introduit dans l'objectif, permet une plus exacte reproduction des couleurs du sujet; il y a lieu, bien entendu, de se servir de plaques orthochromatiques.

On rend les photopoudres, sinon monochromes, tout au moins plus riches en telle ou telle radiation, en y ajoutant des sels de divers métaux, savoir :

Verts....................	Chlorate de baryte.
Rouge vif................	Chlorate de strontium.
Rose vif.................	Oxalate de strontium.
Bleus....................	Acétate de cuivre.
Jaunes...................	Chlorate et azotate de soude.

L'adjonction de ces divers sels ne doit pas dépasser 10 pour 100 du poids du photopoudre employé, il est même utile d'y ajouter un peu de matière combustible, de préférence du lycopode, à la dose de 2 pour 100 au maximum.

Pour l'aluminium, M. Villon a donné les formules suivantes :

	COLORATION DE LA FLAMME.			
	Rouge vif.	Rouge.	Verte.	Jaune.
Aluminium en poudre......	100	100	100	100
Chlorate de strontium.....	10	»	»	»
Oxalate de strontium......	»	12	»	»
Oxalate de baryum........	»	»	10	»
Chlorate de baryum.......	»	»	2	»
Oxalate de soude..........	»	»	»	12
Lycopode..................	25	25	20	20
Nitrate d'ammoniaque.....	5	5	5	5

Avec de tels éclairs et des plaques orthochromatisées de façon convenable, il est possible de faire des sélections de couleurs, pour obtenir des planches colorées d'après les méthodes de MM. Ducos du Hauron et Vidal.

C'est là une question qui mérite étude et que nous ne serions pas étonné de voir reprendre un jour.

CHAPITRE XI.

PRATIQUE PHOTOGRAPHIQUE.

SOMMAIRE : Généralités. — Le matériel. — L'objectif. — Les plaques sensibles. — Mise en plaque et mise au point. — Généralités sur le développement. — Le développement lent.

Généralités. — La pratique des lumières artificielles ne demande pas, à vrai dire, des moyens et des appareils spéciaux pour l'obtention du cliché : il est toutefois certaines remarques qui ont été faites par les praticiens, qu'il est utile de résumer ici en leurs grandes lignes. Mais, d'une façon générale, on peut dire que le négatif doit être traité par les moyens habituels, surtout s'il s'agit de poses d'une certaine durée.

Le matériel. — Le matériel à employer sera donc le matériel ordinaire, toutefois il y aura lieu de le vérifier avec soin; en particulier, la chambre noire et son soufflet devront être absolument étanches et l'on assurera au besoin cette étanchéité en recouvrant l'appareil d'un voile épais au moment d'opérer. Il ne faut pas oublier, en effet, que, surtout avec les lumières au magnésium, on dispose d'une source de rayons actiniques considérable et que les moindres filets de lumière pénétrant dans la chambre seront la cause d'un voile dont la valeur est d'autant plus forte que la pose a été plus courte.

On sait qu'il passe toujours par l'objectif une certaine quantité de rayons qui sont diffusés dans l'intérieur de la chambre noire; dans la pratique journalière, la quotité de ces rayons est extrêmement faible par rapport à celle du faisceau qui forme l'image, et le voile ne peut se former ou tout au moins l'image a eu le temps de se développer avant que ce voile n'apparaisse, lorsque la pose a été suffisante. On sait d'autre part que ce même voile prend de la prépondérance dans les instantanés et qu'il vient en même temps que l'image, en l'empâtant et l'empêchant de gagner en intensité. C'est ce qu'on a souvent appelé le *voile de sous-*

exposition. Avec l'éclairage aux photopoudres, il est extrêmement marqué; il y a donc lieu de visiter le matériel avec soin, reconnaître si l'objectif ne donne pas lieu à des réflexions (bords des diaphragmes brillants, vernis noir du tube écaillé, etc.), et enfin si l'intérieur de la chambre est bien noir, exempt de poussières qui pourraient refléter les rayons perdus, etc.

Tous les formats de chambre peuvent être employés; Nadar se servait autrefois de très grandes chambres dans les Catacombes. M. Vallot a voulu rechercher quelle était la limite du format possible et il a pu prendre de bonnes épreuves avec des chambres 50 × 60 et même 70 × 70. Mais il est évident que des appareils de telles dimensions exigent une somme d'efforts et de travail nullement en proportion avec le but atteint, car une bonne épreuve très fine 18 × 24 et même 13 × 18 qui n'aura exigé qu'un matériel peu lourd et peu encombrant, pourra être amplifiée si besoin est, et, comme ajoute avec juste raison M. Vallot : « On obtiendra ainsi de grandes épreuves présentant un peu moins de netteté dans leur ensemble, mais plus égales dans toutes leurs parties, ce qui est en tous points préférable. »

L'objectif. — Dans la majeure partie des cas, où l'on est appelé à se servir des lumières artificielles, le recul fait défaut, d'où nécessité d'employer de courts foyers, de grands angulaires, lorsque les dimensions en profondeur du sujet à photographier ne sont pas très grandes; il y aura intérêt à diaphragmer beaucoup, car, ainsi que nous le verrons dans la Seconde Partie, si le magnésium donne une très grande lumière, en revanche, celle-ci a une faible portée.

M. Brichaut préconise l'emploi de courts foyers très diaphragmés et il compense le peu de luminosité de l'objectif par l'emploi d'une très forte charge : cette méthode nous paraît bonne, et du reste les épreuves obtenues par cet habile opérateur sont là pour démontrer la justesse du procédé.

Mais, lorsqu'on devra opérer en pose mixte, c'est-à-dire partie au jour normal et partie à l'éclair magnésien, il importera d'employer des objectifs très lumineux, partant à grande ouverture et long foyer, et l'on ne devra diaphragmer que dans la quantité strictement nécessaire pour obtenir la netteté et la couverture voulues.

Les plaques sensibles. — Il est évident, sans que nous croyions devoir insister, qu'on devra toujours faire usage de plaques extra-sensibles, surtout à cause de la brièveté de la pose ; mais nous pensons qu'il sera toujours de très bonne pratique de prendre des plaques orthochromatiques. Le magnésium, en effet, très riche en rayons violets et surtout produisant en un court espace de temps une grande somme de rayons actiniques, ceux-ci ne peuvent être tous absorbés par les surfaces colorées, il en résulte que celles-ci réfléchissent une assez forte proportion de rayons et, quelle que soit la teinte dont elles paraissent revêtues, elles peuvent par suite impressionner la plaque. Nous insistons sur ce point, en faisant remarquer qu'aucune surface de la nature ne possède une couleur propre ; si les objets nous paraissent colorés, c'est que frappés par la lumière blanche, synthèse des rayons colorés, ils en ont absorbé une certaine partie, ne réfléchissant que certains rayons colorés qu'ils ne sont pas capables d'absorber : et c'est cette lumière réfléchie qui nous donne la sensation colorée que nous attribuons à l'objet. Nous rappellerons que la démonstration du phénomène se fait très facilement en éclairant des objets diversement colorés par une lumière monochrome. Si, par exemple, nous éclairons un bouquet de fleurs avec la lumière jaune du sodium, les roses rouges paraissent noires, les bleuets gris-lavande, etc.

Or, réellement, dans la nature, non seulement les objets réfléchissent les rayons absorbés, mais en même temps une certaine quantité de lumière blanche qui n'a pu être absorbée, et cette proportion de lumière blanche est d'autant plus forte que l'éclairage général est plus vif. Un exemple frappant nous en est donné par les verdures. Qui n'a remarqué que les feuilles d'arbres, les tiges herbeuses viennent en blanc sur les positifs, lorsque le négatif a été fait en plein soleil, ou lorsque la pose a été assez longue, par un ciel gris, pour que la lumière blanche reflétée ait pu agir ?

Il en est de même avec les lumières magnésiennes ; la grande somme de rayons émis en même temps mélange de blanc reflété les diverses teintes émises par les corps : c'est ce qui a fait dire à tort par nombre d'expérimentateurs que cette lumière était orthochromatique. D'après les explications que nous venons de donner, on voit qu'au fond c'est un phénomène mal observé.

Mise en plaque et mise au point. — Dans un Chapitre précédent, nous avons donné les règles générales pour la mise au point et la mise en plaque, en indiquant l'emploi de bougies ou de lumières quelconques qui permettent de juger quel est le champ embrassé et facilitent la mise au point. Nous reviendrons sur cette question, car il a été conseillé par plusieurs auteurs d'employer des viseurs pour la mise en plaque. Il ne saurait être question ici des viseurs à objectif et glace dépolie, ni même des verres concaves ; les uns et les autres ne donnent que des images trop peu lumineuses, mais on emploiera avec succès les viseurs du genre de celui qui a été indiqué par M. Davanne et qui se composent essentiellement d'un œilleton et d'un cadre ajouré de dimensions calculées. Avec ces appareils, il n'y a aucune perte de lumière, et, s'ils sont bien réglés, on peut assurer une bonne mise en plaque.

Généralités sur le développement. — Tous les développements, s'ils sont bien conduits, permettent d'obtenir de bons clichés. Nous ne croyons pas qu'il y ait lieu de préconiser une formule plutôt qu'une autre; le tout est d'être bien pénétré qu'on a affaire à un instantané et que le développement doit être conduit en ce sens.

Trop énergique, le bain aurait l'inconvénient de faire sortir trop tôt ce que nous avons appelé le voile de *sous-exposition,* et c'est ce qui nous a conduit à employer une méthode toute particulière, prônée déjà en Allemagne et en Amérique, et à laquelle nous avons donné le nom de *bain lent.*

Le développement au bain lent. — Qu'il nous soit permis de reproduire ici un article que nous avons publié à ce sujet dans le journal *Photo-Gazette* (1) :

« Le principe de la méthode est le suivant : remplir une cuve verticale à rainures d'un développement très dilué et y plonger les clichés en les y laissant un temps plus ou moins long, qui ne sera pas moindre de plusieurs heures. On pourra faire varier la dilution à son gré pour allonger ou accélérer le développement : il nous est arrivé, même avec des bains ayant servi et convenablement dilués, de mettre la veille au soir nos clichés dans la cuve et de les trouver le lendemain à point. Pour qu'un tel développement puisse réaliser le but cherché, il faut qu'il satisfasse à plusieurs conditions que nous allons étudier. Le révélateur doit être énergique et se conserver facilement en solution étendue. Nous donnerons, pour cette raison, la préférence à l'hydroquinone. Nous n'emploierons pas d'alcalis trop énergiques, pour éviter les décollements des bords; un mélange de carbonate de soude et potasse devra être préféré. Il s'agit, d'autre part, d'user de retardateurs, surtout pour empêcher la

(1) Cf. *Photo-Gazette,* n° 1, 4e année, 25 novembre 1893, page 1.

production des voiles et donner des blancs très purs. Il est bon que ces retardateurs aient une action durcissante sur la gélatine : le borax et le ferrocyanure de potassium répondront à cette double condition. Le bain mère sera donc constitué de la façon suivante :

Eau....	1000^{cc}
Sulfite de soude....	75^{gr}
Hydroquinone....	15
Ferrocyanure de potassium....	10
Borax....	2
Carbonate de soude....	75
» de potasse....	25

» Ce n'est pas là formule nouvelle, il y a longtemps que nous l'avions indiqué dans notre *Dictionnaire de Chimie photographique* (¹) pour le développement des instantanés. Ce bain a une énergie extrême et donne des clichés très corsés. Il développe rapidement et conserve les blancs très purs; mais il est bon, pour éviter de la dureté, de le diluer, soit avec de l'eau, soit mieux avec du bain vieux.

» 50^{cc} de ce bain seront mélangés avec 1^{lit} d'eau et composeront notre développateur lent : les clichés trempés dans cette solution mettront plusieurs heures à apparaître et à se renforcer, mais, par contre, ils seront développés à fond; nous n'aurons pas à craindre cet accident qui arrive trop souvent, que les parties les plus fortement insolées se révèlent avec rapidité sans laisser aux parties dans l'ombre le temps d'être attaquées; tout au contraire, l'image latente tendra à monter d'ensemble en présentant toutefois les dégradations dues aux diverses intensités de la lumière. Il est absolument utile que le développement se fasse en cuvettes verticales, diposées de telle sorte que le bas du cliché soit surélevé de quelques centimètres du fond : par ce procédé, on évite les dépôts qui ne manquent pas de se produire sur la couche maintenue horizontale et il se fait un continuel brassage du développement, par suite des différences de densité que prend le liquide en agissant, brassage qui répond au balancement continu qu'on recommande toujours dans les développements en cuvette horizontale. »

Nous ajouterons à ces indications générales quelques remarques spéciales au sujet qui nous occupe. La pratique du développement lent pré-

(¹) Cf. H. FOURTIER, *Dictionnaire pratique de Chimie photographique*. Grand in-8, avec figures; 1892 (Paris, Gauthier-Villars et fils).

sente cet avantage que le cliché est attaqué par un bain léger qui ne fait venir que peu à peu les détails; par suite, les voiles, toujours plus légers que l'impression directe, ne peuvent sortir : au dernier moment, lorsqu'il s'agit de donner de l'opacité au cliché, on le reprend à l'aide d'un bain plus énergique et l'on arrive ainsi à la densité voulue d'une façon rationnelle, à l'inverse surtout de ce qui se passe dans la pratique courante. En effet, dans celle-ci, au début, le bain a son maximum d'énergie qui décroît de plus en plus au fur et à mesure que le développement s'avance, et, par suite, le bain est déjà affaibli lorsqu'il s'agit de donner de plus grands efforts pour faire sortir les derniers détails. Notons cependant que c'est cette manière de voir qui a conduit M. Londe à rajouter du pyrogallol à la fin du développement, méthode qu'il appelle à juste raison *développement rationnel.*

Nos études ont porté sur les bains lents à l'hydroquinone, mais il est juste de dire que d'autres opérateurs se sont servis avec succès d'autres réducteurs, et nous ne préconisons le bain ci-dessus que pour la seule raison que nous n'avons employé que celui-là.

SECONDE PARTIE.

RECHERCHES THÉORIQUES ET PRATIQUES SUR LES LUMIÈRES AU MAGNÉSIUM ET A L'ALUMINIUM.

But de nos recherches. — A plusieurs reprises, au cours de notre étude sur les lumières artificielles, nous avons indiqué les conclusions de divers auteurs, mais ces conclusions paraissaient avoir un caractère trop général et il nous a paru utile de reprendre les expériences à un point de vue plus pratique, chercher à déterminer la valeur des divers photopoudres, en faire ressortir les qualités spéciales et tâcher de tirer de nos essais des règles usuelles d'emploi.

Nous décrirons avec soin les dispositifs employés, généralement très simples, de telle sorte que ceux qui pourraient être tentés soit de reproduire nos expériences, soit de les compléter dans un but déterminé, ne soient pas arrêtés par les essais préliminaires, indispensables et souvent longues préparations aux expériences définitives.

Nos études ont successivement porté sur :

1° L'étude comparative des divers photopoudres, de manière à en déduire les qualités spéciales et rechercher quelle était la meilleure formule à employer ;

2° La valeur de l'intensité lumineuse d'un photopoudre par rapport à la quantité de photopoudre brûlé ;

3° La portée des photopoudres : il y avait lieu, en effet, de reconnaître si la lumière émise par un photopoudre subissait une déperdition plus ou moins rapide dans sa transmission dans l'air ;

4° Influence du fractionnement de la charge : il s'agissait de savoir si, pour un poids donné de photopoudre, il y avait intérêt à brûler cette quantité en une seule charge ou en plusieurs ;

5° Il y avait lieu de tenter les mêmes expériences avec les photopoudres à l'aluminium et de vérifier si ces derniers ont réellement une valeur égale ou différente des photopoudres au magnésium.

Nous avons ensuite abordé l'étude des lampes à la poudre de magnésium et nous avons recherché quelle était l'influence de la grosseur du grain de la poudre et la valeur nécessaire de l'impulsion de l'air.

Cette première série d'expériences faites avec des lampes diverses nous a amené à faire des observations spéciales sur les meilleures méthodes de construction et d'emploi des lampes, et ces remarques ont été résumées en un Chapitre spécial.

On pourrait peut-être s'étonner que nous n'ayions pas cherché à établir le rendement des diverses lampes au magnésium; nous avons bien entamé cette étude, mais devant les résultats qui nous amenaient à faire une sorte de classement des lampes, rejetant quelques-unes d'entre elles et faisant ressortir les qualités d'autres, nous avons préféré nous abstenir.

Enfin, nous avons terminé cette suite d'expériences déjà très longue, en cherchant à établir la comparaison entre le pouvoir éclairant des lampes à poudre pure et des photopoudres.

Si très souvent nos expériences nous ont conduit à la vérification de lois déjà établies, il nous a été possible aussi de poser quelques lois nouvelles qui peuvent être utiles à ceux qui s'occupent de la question des lumières artificielles.

CHAPITRE I.

LES PHOTOPOUDRES AU MAGNÉSIUM.

SOMMAIRE : *Première série d'expériences : étude comparative des divers photopoudres.* — But des expériences. — La grandeur des flammes. — Dispositifs employés. — Expériences : Valeur de la gerbe. — Résultats obtenus. — *Principes de la méthode Houdaille.* — Mesure de la vitesse de combustion. — Mesure de l'actinisme ou pouvoir lumineux. — Dispositif employé. — Résultats obtenus. — Conclusions générales. — Conclusions particulières aux divers photopoudres. — *Deuxième série d'expériences : rapport de l'intensité lumineuse au poids de photopoudre brûlé.* — But des expériences. — Dispositif adopté. — Résultats obtenus. — Conclusions. — Poudre Brichaut. — *Troisième série d'expériences : portée des poudres au magnésium.* — Dispositifs employés. — Conclusions. — *Quatrième série d'expériences : influence du fractionnement de la charge.* — But des expériences. — Dispositifs employés. — Résultats et conclusions.

Première série d'expériences:

ÉTUDE COMPARATIVE DES DIVERS PHOTOPOUDRES.

But des expériences. — De nombreuses formules de photopoudres ont été indiquées, il s'agissait d'en déterminer les qualités spéciales et de faire un choix raisonné parmi elles. Si l'on examine le Tableau de la page 81, où sont réunis les photopoudres les plus connus, on remarquera qu'ils peuvent se répartir en trois séries :

1° Ceux qui comprennent du sulfure d'antimoine allié au magnésium et au chlorate de potasse;
2° Ceux qui, excluant le chlorate de potasse, ont recours à d'autres oxydants;
3° Enfin, ceux qui ne se composent que de magnésium et de chlorate de potasse.

Nous avons donc choisi six photopoudres, qui sont les suivants :

NUMÉROS DES POUDRES.....	Mg 1.	Mg 2.	Mg 3.	Mg 4.	Mg 5.	Mg 6.
Auteurs...............	Gædicke.	Gædicke.	Taylor.	Lord.	Dida.	Phœbusine.
Magnésium..........	30,3	31,65	12,5	28,50	*	*
Chlorate de potasse...	60,6	63,25	50	»	*	*
Sulfure d'antimoine...	9,1	»	25	»	»	»
Soufre...............	»	»	12,5	»	»	
Permanganate de potasse...............	»	»	»	35,75	»	»
Bichromate de potasse.	»	»	»	35,75	»	»
Ferrocyanure de potassium...............	»	5,10	»	»	»	»

Pour simplifier les notations, ils ont été désignés par un numéro accolé au symbole du magnésium, Mg, afin de les distinguer des poudres à l'aluminium, qui porteront la notation Al et seront étudiées plus tard.

Les poudres Mg 1 et Mg 3 appartiennent à la première catégorie et la proportion du sulfure d'antimoine, par rapport au magnésium, varie dans la première de 3 à 1 ; dans la seconde, de 1 à 2.

Les poudres Mg 2 et Mg 4 appartiennent à la seconde catégorie, plus particulièrement la poudre Mg 4.

Les poudres Mg 5 et Mg 6 sont fournies par le commerce et sont connues sous les noms, la première de *poudre Dida,* la seconde de *Phœbusine;* l'une ne contient que du chlorate de potasse et du magnésium ; à l'autre, moins riche en magnésium, on a ajouté un peu de soufre. Toutefois, nous ne croyons pas pouvoir donner les proportions, bien que, par une analyse, nous ayions été obligé de les déterminer, surtout pour connaître la teneur en magnésium.

La grandeur des flammes. — Il nous a d'abord paru utile de déterminer la forme et la grandeur des flammes, de manière à voir s'il existait une relation entre la quantité de magnésium employée et l'aire d'illumination. Pour arriver à ce but, il suffisait de photographier les photo-poudres pendant leur explosion.

Avant de donner les résultats obtenus, nous décrirons les dispositifs que nous avons employés.

Dispositifs employés. — Dans le fond d'un laboratoire dont toutes les fenêtres étaient garnies de carreaux rouges, était disposé un cadre recouvert de toile noire mate ayant $1^m,80$ de hauteur sur $1^m,30$ de largeur. Sur cet écran étaient tendus des cordonnets de coton blanc, formant un quadrillé dont les carrés avaient exactement 10^{cm} de côté. Une chambre noire avait été disposée en face de cet écran, de manière à donner une réduction exacte au $\frac{1}{10}$ pour faciliter la lecture et les calculs; l'objectif était diaphragmé à $\frac{f}{40}$.

La charge de poudre de $0^{gr},50$, pesée avec une balance très sensible, était enfermée dans une feuille de papier bengale ayant exactement 5^{cm} de large sur 8^{cm} de hauteur; nous avons employé là le dispositif Londe, décrit plus haut. Cette charge, suspendue par un fil métallique à une petite potence fixée au haut de l'écran, était séparée de celui-ci d'environ 50^{cm} et descendait jusqu'au tiers inférieur de l'écran. Un fil de coton brut attaché au bas de la cartouche et long d'environ 30^{cm}, servait à mettre le feu, et, grâce à sa lenteur de combustion, on avait le temps d'enlever le bouchon de l'objectif avant la déflagration du photopoudre.

En dessous de la cartouche, au pied de l'écran, était disposée une large glace sur laquelle venaient tomber les résidus, qui, recueillis avec soin, étaient pesés à $0^{gr},001$ près et analysés au besoin.

Aussitôt la déflagration obtenue, les carreaux rouges des fenêtres étaient ouverts de manière à juger l'aspect de la fumée, et la rapidité de son écoulement était notée.

Tels sont, en leurs grandes lignes, les dispositifs employés qu'une série d'expériences préliminaires nous avaient permis de perfectionner successivement.

Expériences. Valeur de la gerbe. — Il semblait, de prime abord, que le pouvoir lumineux d'une gerbe éclairante était proportionnel au volume de cette gerbe (¹) et qu'il devait exister un certain rapport entre le poids de magnésium brûlé et le volume de la gerbe; ce rapport même devait donner la valeur de la poudre employée.

Le volume de la gerbe est exprimé par la formule $\frac{1}{6}\varpi D^3$ ou sensiblement $\frac{D^3}{2}$; il sera calculé en centimètres cubes. Le poids de la poudre de

(¹) Il y aurait lieu de faire entrer en ligne de compte la durée de la combustion; c'est ce que nous avons fait dans la deuxième série d'expériences.

magnésium p est déterminé en milligrammes, et le rapport $\frac{D^3}{2p}$ donne le nombre de centimètres cubes de gerbe fourni par $0^{gr},001$ de magnésium.

Il s'agissait tout d'abord de vérifier si cette hypothèse de la loi du cube ou du volume était exacte; dans ce but, nous avons opéré sur des charges croissantes variant de 0,50 en 0,50 jusqu'à $3^{gr},50$. Nous avons d'abord fait l'expérience avec la poudre Mg 1, et, comme vérification, nous l'avons répété avec la poudre Mg 5. Il nous paraît inutile de reproduire ici le Tableau des calculs que nous avons dû exécuter; nous nous contenterons d'en donner les résultats.

Avec la poudre Mg 1, $0^{gr},001$ de magnésium produit une gerbe d'un volume de 14^{cc}; avec la poudre Mg 5, le volume est d'environ 15^{cc} : la loi paraît donc suffisamment vérifiée, tant qu'on ne dépasse pas la charge de 4^{gr}.

Il est en effet à remarquer que chaque photopoudre donne une flamme

Fig. 16.

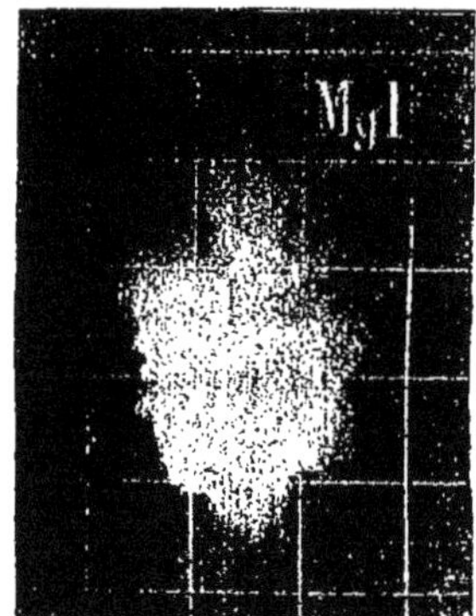

Photographie de la flamme produite par le photopoudre Mg 1.

d'une physionomie spéciale : les unes sont courtes et ramassées, d'autres très allongées et volumineuses; la forme du panache de fumée qui les surmonte a aussi sa valeur. Pour les poudres brûlant avec vivacité et donnant peu de fumée, celle-ci s'élève aussitôt; pour d'autres, la fumée très lourde tend en quelque sorte à surbaisser la flamme. A titre de comparaison, nous donnons ici les photographies de deux flammes; l'une (*fig.* 16) est produite par la poudre Mg 1, l'autre (*fig.* 17) par la poudre Mg 5 (Dida). Dans les deux cas, on a brûlé le même poids de photopoudre, mais on voit que les volumes sont très différents.

Ceci posé, il a été procédé aux épreuves sur les divers photopoudres

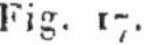

Fig. 17.

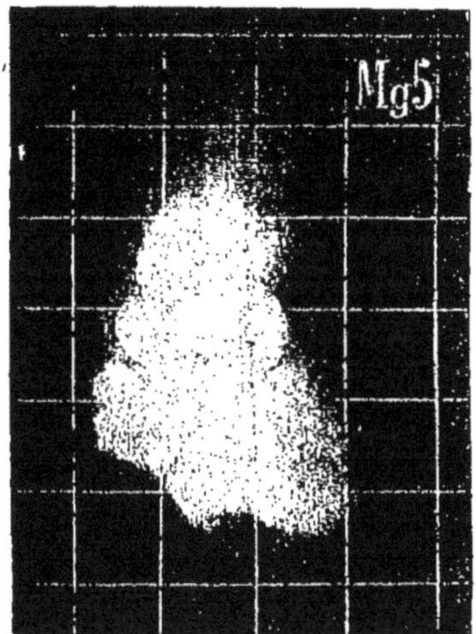

Photographie de la flamme produite par le photopoudre Mg 5.

choisis en employant, comme nous l'avons dit, la charge uniforme de 0gr,50.

Résultats obtenus. — Les résultats obtenus sont consignés dans le Tableau ci-après :

TABLEAU I. — COMPARAISON DES PHOTOPOUDRES.

NUMÉRO du photopoudre.	POIDS RÉEL de magnésium employé.	DIAMÈTRE de la gerbe utile.	VOLUME Diamètre $\frac{D^3}{2}$	RAPPORT Diamètre $\frac{D^3}{2p}$	RÉSIDUS (poids en grammes).	FUMÉS.	OBSERVATIONS.
Mg 1......	gr 0,151	17	4913	16	0,017 grisâtre composé de globules de perchlorate noircies par l'antimoine.	Grisâtre, peu intense, se dissipe assez vite.	Éclairage uniforme.
Mg 2......	0,158	15	3375	10	0,020 gris noir, contenant des parcelles de magnésium non brûlé.	Flocons bleuâtres, montant assez vite, légère odeur cyanée.	Éclaire surtout de haut en bas.
Mg 3......	0,062	16	4096	31 (?)	0,037 gris jaune, globules de perchlorate et d'antimoine.	Gris blanc, mais très étendue, légère odeur sulfureuse.	Éclaire plutôt de haut en bas.
Mg 4......	0,142	15	3375	12	0,235 poudre noire abondante, composée d'oxyde de manganèse et de chrome.	Fumée épaisse, gris clair, odeur *sui generis* très prononcée.	Volume éclairant très faible.
Mg 5......	0,325	21	9621	14	Très faible, fine poussière blanche.	Fumée assez épaisse et lourde, blanche, vivement projetée.	Très grand volume, éclairant en tous sens.
Mg 6......	0,220	17	4913	11	0,028 gris jaune, globules de perchlorate.	Fumée bleuâtre, assez intense, se dissipe assez vite.	Éclaire surtout de haut en bas.

De l'examen des clichés et des résultats consignés dans ce Tableau, il ressort que :

1° Les poudres au chlorate riches en magnésium (Mg 5) donnent le plus fort volume de gerbe;

2° Le sulfure d'antimoine a une action très marquée sur le volume de cette gerbe (Mg 1, Mg 3) et, en particulier, dans la poudre Mg 3, où la quantité de stibine est très forte; il donne au rapport $\frac{D^3}{2p}$ une valeur qui paraît inadmissible;

3° Les autres poudres sont inférieures, et ce fait peut être expliqué par les réactions secondaires qui ne peuvent s'accomplir qu'aux dépens de la chaleur totale et, par suite, abaissent le pouvoir éclairant.

Cette première série d'expériences ne donnait que des résultats assez imparfaits; il y avait lieu de tenir compte de la durée de combustion, et, d'autre part, aucun renseignement n'était fourni sur le pouvoir actinique des flammes et sur leur valeur propre. Aussi avons-nous cru devoir les reprendre en nous servant des méthodes que vient de préconiser M. le capitaine Houdaille, et dont nous allons brièvement indiquer l'esprit (1).

PRINCIPES DE LA MÉTHODE HOUDAILLE.

1° Mesure de la vitesse de combustion. — Pour mesurer la vitesse de combustion, on se sert d'un pendule battant la demi-seconde, monté sur une planchette verticale : la lentille, terminée en dessous par deux perles brillantes de grosseurs inégales, se meut devant une graduation divisée exactement en centièmes de seconde. Cet appareil avait été imaginé par M. Houdaille pour l'étude des obturateurs.

Ce pendule étant disposé devant la chambre noire et le photopoudre brûlant à côté de cette dernière, de manière à bien illuminer le pendule en mouvement, on obtient sur le cliché une double trace, fournie par les perles brillantes, dont on évalue rapidement la valeur en temps, en comptant le nombre de divisions comprises entre les extrémités des traces, la Photographie ayant enregistré, bien entendu, la graduation générale.

En examinant de près ces traces, on reconnaît que la partie centrale

(1) Qu'il nous soit permis ici de remercier vivement M. Houdaille, qui nous a amicalement aidé de ses conseils dans cette série d'expériences et nous a fourni les dispositifs dont nous avions besoin.

est beaucoup plus noire que les parties extrêmes; celles-ci, en effet, ont été fournies au début et à la fin de l'explosion, alors que la quantité de magnésium brûlée ne donne pas assez de lumière pour impressionner suffisamment la plaque. Nous avons appelé *durée totale* la longueur complète de l'arc, et *durée utile* la longueur de l'arc qui donne une impression nettement marquée. Il ressort de nos expériences que, sensiblement, le rapport de la durée utile à la durée totale est de $\frac{1}{2}$.

2° Mesure de l'actinisme ou pouvoir lumineux. — Voici en quels termes M. Houdaille a indiqué lui-même, dans une Notice à la Société française de Photographie, le principe de sa méthode :

« Si l'on photographie un voyant composé d'une série de groupes de points de diamètres décroissants, on constate que, lorsque la pose devient insuffisante, les plus gros points peuvent seuls être distingués à l'œil nu, et qu'au fur et à mesure que la pose augmente, les points de plus en plus petits apparaissent.

» Il y a là un procédé de mesure d'une précision absolue et d'une grande sensibilité, car on ne demande pas à l'œil de choisir entre deux teintes d'intensités différentes, mais simplement de distinguer ou non des groupes de points.

» Notre appareil est constitué par quatre voyants à fond noir dont les points sont blancs, verts, jaunes et rouge-saumon; ces quatre couleurs ont été choisies, parce qu'elles se rencontrent très fréquemment dans les sujets à photographier...

» Nous avons choisi comme unité de lumière actinique celle qui est fournie par une lampe à pétrole à bec rond de 22^{mm}, brûlant 30^{cc} de luciline à l'heure.

» Au point de vue actinique, cette lampe vaut 25 lampes à l'acétate d'amyle sans écran, 12,5 bougies de sept au paquet et 10 bougies de cinq au paquet. Nous avons adopté 1^{m} comme distance de la lampe à l'objet. »

Si l'on fait intervenir le temps de pose et que celui-ci soit fixé à une seconde, on obtient l'unité lampe-mètre-seconde, L.M.S., qui nous servira pour l'évaluation de nos mesures.

Pour toutes nos expériences nous nous sommes servi des plaques Guilleminot, émulsion n° 3076. Il importait donc de déterminer à l'avance la valeur de ces plaques au point de vue de leur rendement : on a exécuté quatre clichés successifs des voyants éclairés par la lampe type, placée à 1^{m}, et en faisant varier les poses; celles-ci ont été respectivement de 30^{s}, 60^{s}, 90^{s} et 120^{s}.

Les quatre clichés développés ensemble dans le même bain et examinés, on a reconnu qu'en quadruplant les poses le nombre des points doublait sensiblement dans chaque couleur : ce qui revient à dire que les nombres des points sont proportionnels aux carrés des quantités de lumière. Ces quatre expériences ont permis d'établir un graphique donnant rapidement, pour les plaques employées, le nombre de L.M.S. correspondant à un nombre de points donnés.

Dispositif employé. — Ces principes établis, nous allons indiquer le dispositif employé.

La planchette, qui supportait le pendule, était munie des quatre voyants de couleur, ce qui permettait en un seul cliché d'avoir la mesure de la durée et celle de l'actinisme (¹).

L'appareil était disposé normalement devant le pendule, de manière à avoir une réduction de $\frac{1}{5}$, et l'objectif était diaphragmé à $\frac{F}{40}$.

A côté de la chambre était placé un grand réflecteur hémicylindrique en fer-blanc brillant, au foyer duquel était suspendue la charge de photopoudre; la charge brûlait ainsi à une distance de $1^{m},50$ des voyants. On opérait dans le grand laboratoire à verres rouges, ce qui permettait, après avoir ouvert l'objectif, d'attendre que le pendule ait exactement pris son régime, puis on enflammait la charge. Nous nous sommes servi d'une façon constante, pour la révélation des clichés, du bain à l'hydroquinone que nous avons formulé plus haut.

Résultats obtenus. — Nous avons résumé dans le Tableau II les résultats obtenus.

Le nombre de lampes-mètres-secondes N a été obtenu en déduisant du graphique la valeur des points V; celle-ci a été multipliée par le numéro du diaphragme 16 ou $\frac{F}{40}$, soit d, et le carré de la distance du photopoudre aux voyants, soit D.

$$V \times d \times D^2 = N^{L.M.S.}.$$

Il a été facile d'en déduire le pouvoir éclairant par gramme de magnésium brûlé, étant donné le poids réel brûlé.

(¹) En réalité, pour plus de précision, nous avons employé deux séries de voyants côte à côte et disposés en sens inverse; par ce procédé, on avait une vérification dans le comptage des points.

TABLEAU II. — VITESSE DE COMBUSTION ET POUVOIR LUMINEUX.

NUMÉRO du photopoudre.	POIDS réel de magnésium employé.	NOMBRE de L.M.S.	VALEUR par gramme de magnésium.	VITESSE de combustion		INTENSITÉ lumineuse en L.M.S.	POUR CENT DES POINTS OBTENUS dans le			
				totale.	utile.		blanc.	vert.	jaune.	rouge.
Mg 1	0,151	2900	19000	0,065 s	0,035 s	83000	100	54	36	16
Mg 2	0,158	4100	26000	0,095	0,045	91000	100	49	34	22
Mg 3	0,062	3500	56000	0,060	0,038	92000	100	56	38	19
Mg 4	0,142	900	6350	0,025	0,012	75000	100	60	44	1,2
Mg 5	0,325	6900	21200	0,115	0,050	138000	100	52	40	25
Mg 6	0,220	3500	15500	0,105	0,040	39000	100	52	39	19

Vitesse de combustion : Rapport approché $\frac{1}{2}$.

Nous y avons joint les deux vitesses de combustion, la durée totale et la durée utile.

La colonne suivante donne l'intensité lumineuse absolue en tenant compte de la durée utile.

Nous avons enfin indiqué le nombre de points en ramenant ceux-ci à un même pourcentage pour le blanc, afin de rendre les chiffres plus comparables.

De l'examen des clichés et de l'étude des Tableaux I et II, nous tirerons les conclusions suivantes.

Conclusions générales. — Au point de vue général, nous pouvons donc poser les règles que voici :

1° *Actinisme en fonction du magnésium brûlé.* — Le pouvoir lumineux est d'autant plus considérable que la quantité de magnésium, entrant dans un poids donné, est plus grande ; cet effet est très marqué pour la poudre Mg5.

2° *Action du sulfure d'antimoine.* — Le sulfure d'antimoine augmente le volume de la gerbe (Mg 1) et donne une certaine valeur au point de vue actinique, s'il est en grande quantité (Mg3).

3° *Action du soufre.* — Le soufre diminue la valeur de la gerbe et son pouvoir actinique : en effet, dans la poudre Mg6, qui a près de $\frac{1}{2}$ pour 100 de magnésium, nous trouvons une valeur de lumière inférieure à ce que devrait fournir le poids de magnésium employé (3450 L. M. S. au lieu de 4670 que lui assignerait le calcul). Ce même effet se reproduit avec la poudre Mg 3 : ici, on a employé 25 pour 100 de stibine, la poudre devrait avoir un grand volume, plus fort que la poudre Mg 1, qui n'en a que 9 pour 100 ; or, nous voyons qu'il est diminué. Cependant, grâce à la forte majoration de stibine, la poudre Mg3 est un peu supérieure encore à la poudre Mg 1.

4° *Action des autres corps.* — Les autres corps ajoutés au photopoudres absorbent une certaine quantité de chaleur pour leur dissociation et leur transformation en produits secondaires, et cet effet n'a lieu qu'aux dépens de la température générale et par suite du pouvoir lumineux. On a dit à plusieurs reprises que le permanganate de potasse augmentait la vitesse de combustion ; ce fait paraît vérifié dans la poudre Mg4 qui a la plus grande vitesse.

5° *Vitesses de combustion.* — Ces différents photopoudres ont une vitesse totale de combustion qui varie de $\frac{2,5}{100}$ à $\frac{11,5}{100}$ de seconde : si nous ne considérons que les poudres chloratées, nous voyons que cette vitesse totale est en moyenne de $\frac{8,8}{100}$ de seconde. La vitesse utile, ou si l'on préfère, le temps de combustion dans lequel le photopoudre émet une lumière suffisante pour donner une bonne image, est toujours sensiblement la moitié de la vitesse totale ($\frac{4,2}{100}$ en moyenne).

Conclusions particulières aux divers photopoudres. — Si nous étudions les divers photopoudres, chacun à part, nous serons amené aux conclusions spéciales suivantes :

Mg 1. *Poudre Gœdicke et Miethe.* — Bonne poudre ; vitesse totale de $\frac{6,5}{100}$ de seconde, soit $\frac{1}{15}$ de seconde ; fumée peu épaisse rapidement dissipée ; résidus presque nuls : pouvoir éclairant de 3000 L.M.S. en chiffre rond.

Mg 2. *Poudre de Gœdicke.* — Contient un peu de prussiate de potasse, est un peu plus lente que la précédente, mais donne un pouvoir éclairant un peu supérieur, 4100 L.M.S. La fumée est plus épaisse et la lumière est, par suite, rabattue verticalement ; donne peu de résidus, cependant tout le magnésium ne paraît pas brûlé.

Mg 3. *Poudre Taylor.* — Contient relativement peu de magnésium et beaucoup de sulfure d'antimoine ; la vitesse est sensiblement la même que celle de Mg 1 ; mais elle a un pouvoir éclairant un peu supérieur, 3500 L.M.S. Donne une fumée assez forte qui réfléchit la lumière verticalement et qui a une odeur sulfureuse très prononcée. Résidu sensible (environ 4 pour 100).

Mg 4. *Poudre Lord.* — Brûle avec une très grande vitesse, $\frac{1}{40}$ de seconde, mais très faible pouvoir lumineux (900 L.M.S.). Donne une fumée épaisse d'une odeur très désagréable, dangereuse à respirer, et laisse un résidu considérable d'oxyde de manganèse et de chrome (24 pour 100). Cette poudre doit être absolument proscrite.

Mg 5. *Poudre Dida.* — Excellente poudre, à très bon rendement (6900 L.M.S.) ; est plus lente de combustion que les précédentes, de $\frac{1}{8}$ à $\frac{1}{9}$ de seconde, donne à peine de résidus et une fumée blanche épaisse qui se dissipe vivement.

Mg6. *Phœbusine.* — Très bonne poudre, d'un rendement inférieur à la précédente, ce qui s'explique aisément par sa plus faible teneur en magnésium (3500 L.M.S.); a une vitesse de $\frac{1}{10}$ de seconde, et donne une fumée peu intense et un faible résidu.

Deuxième série d'expériences :

RAPPORT DE L'INTENSITÉ LUMINEUSE AU POIDS DE PHOTOPOUDRE BRULÉ.

But des expériences. — Il y avait lieu de se rendre compte si l'intensité lumineuse d'un photopoudre donné croissait régulièrement avec la quantité de magnésium employé, et quelle était la limite de cet accroissement. Une première série d'expériences exécutées en photographiant directement des charges croissantes d'un même photopoudre, nous avait démontré que l'aire de la flamme ne croissait pas directement avec la charge : la loi des volumes paraissait plus approchée, mais il n'y avait pas là une méthode réelle d'analyse du phénomène, et les expériences ont été reprises en se servant du procédé Houdaille, qui nous avait donné de très bons résultats dans la première série des recherches.

Dispositif adopté. — Le dispositif est le même que dans l'expérience précédente, mais comme les charges croissent à chaque essai nouveau, pour ne point avoir de clichés surexposés, difficiles à lire, nous avons eu soin de faire varier les distances, et cela dans le rapport normal, c'est-à-dire suivant le carré. La première charge brûlant à une distance d, soit 1^{m},50, la deuxième a brûlé à d^2, soit 2^{m},25; la troisième à 3^{m},37, etc.

Résultats obtenus. — Les résultats obtenus sont consignés dans le Tableau III. On a fait progresser les charges d'une façon régulière de 0^{gr},50 en 0^{gr},50 jusqu'à 3^{gr},50; les expériences ont porté sur le photopoudre Mg1.

TABLEAU III.

RAPPORT DE L'INTENSITÉ LUMINEUSE AU POIDS DE PHOTOPOUDRE BRULÉ.

POIDS DE		VITESSE de combustion		NOMBRE de L.M.S.	VALEUR RELATIVE		OBSERVATIONS.
photo-poudre.	réel de Mg.	totale.	utile.		des intensités.	des poids.	
1	2	3	4	5	6	7	8
0,50	0,151	0,065	0,035	2889	1 »	1	
1 »	0,302	0,065	0,035	5927	2,05	2	
1,50	0,453	0,060	0,030	8112	2,81	3	
2 »	0,604	0,070	0,050	11232	3,82	4	
2,50	0,755	0,100	0,050	12867	4,46	5	
3 »	0,906	0,100	0,050	13213	4,58	6	perte par refroidissement sur les parois du réflecteur.
3,50	1,057	0,100	0,060	19468	6,75	7	

En prenant pour unité la mesure donnée par la charge de $0^{gr},50$, nous avons pu établir la colonne n° 6, qui nous indique la valeur relative des intensités, tandis que la colonne n° 7 nous donne la valeur relative des poids de photopoudre. En comparant ces deux colonnes, nous voyons que l'intensité lumineuse croît sensiblement comme le poids des charges, toutefois avec une légère diminution. Pour la charge de 3^{gr}, il est toutefois à noter qu'il y a une diminution plus grande provenant de ce que la gerbe s'est portée sur la paroi du réflecteur, ce qui a amené un refroidissement marqué, traduit par une baisse d'intensité. Le chiffre théorique aurait dû être de 5,65, soit 15672 au lieu de 13213 ; ce chiffre théorique nous est fourni par la courbe tracée en fonction des valeurs relatives des intensités et des poids.

Ainsi, en tenant compte des erreurs d'expériences, on peut dire que les intensités croissent proportionnellement aux charges.

Cette loi nous avait été en quelque sorte indiquée, lors de la première étude du volume des gerbes, mais nous avions remarqué qu'à partir de 4^{gr}, pour les charges supérieures, le volume ne s'accroissait plus proportionnellement aux charges. Il s'agissait de rechercher si le fait se reproduisait au point de vue du rendement lumineux.

Une première série d'essais faits avec des charges de 2^{gr}, 4^{gr}, 16^{gr} et 24^{gr}, ne nous avaient donné que des résultats imparfaits ; la gerbe se trouvant comprimée par les parois du réflecteur, subissait un refroidissement qui diminuait l'intensité.

L'expérience a donc été reprise en faisant brûler le photopoudre à l'air libre, malheureusement les dimensions de notre laboratoire ne nous ont pas permis de brûler les charges aux distances nécessaires, et de ce fait les résultats ont été un peu faussés. Mais, quoi qu'il en soit, s'il ne nous a pas été possible de déterminer en valeur absolue les intensités fournies par les diverses charges, nous avons trouvé sensiblement des différences relatives de même ordre.

En passant de 2 à 4, la valeur de l'intensité ne double pas, elle augmente au plus de 1 à 1,5.

De 4 à 16, cette valeur ne quadruple pas, c'est à peine si elle double.

De 16 à 24, le rapport est encore moindre.

Ce résultat est à rapprocher de celui qui a été obtenu par M. Londe et que nous rapportons plus loin en étudiant les portées des photopoudres; les deux séries d'expériences ont donné lieu à des observations de même ordre.

Conclusions. — On peut conclure de ces diverses expériences que si l'augmentation progressive des charges de $0^{gr},50$ à 4^{gr} donne sensiblement une augmentation d'intensité, à partir de 4^{gr}, l'intensité ne croît plus proportionnellement à la charge; la diminution proportionnelle est très sensible, il n'y a donc pas lieu, pratiquement, d'employer de grosses charges, et, lorsqu'on voudra obtenir un éclairage donné, il vaudra mieux faire usage de plusieurs charges.

Pratiquement, nous traduirons les résultats donnés de la façon suivante :

De 0^{gr} à 4^{gr}, la puissance lumineuse croît comme le poids du photopoudre. Étant connue la puissance lumineuse de 1^{gr} de ce photopoudre, soit k cette puissance, exprimée en L.M.S., il suffit de la multiplier par le poids de la charge pour avoir la puissance totale.

De 4^{gr} à 8^{gr}, on gagne la valeur de 2^{gr} seulement, soit $0^{m},50$ en moyenne par gramme.

De 8^{gr} à 16^{gr}, on gagne la valeur de 2^{gr} seulement, soit $0^{m},25$ en moyenne par gramme.

Au-dessus de 16^{gr}, le gain n'est plus appréciable : c'est là le maximum de poids de photopoudre à employer en une seule charge.

Donc, pour avoir la puissance maxima d'un photopoudre en charge unique, il suffit de multiplier la valeur de 1^{gr} par 8.

Nous traduirons ces règles dans les formules ci-dessous.

V est la valeur en L. M. S. cherchée,
k est le coefficient de puissance du photopoudre pour 1^gr,
P est le poids du photopoudre employé,

De 0^gr à 4^gr .... $V = k \times P$,

De 4^gr à 8^gr .... $V = k\left(4 + \frac{P-4}{2}\right)$,

De 8^gr à 16^gr .... $V = k\left(4 + \frac{P}{4}\right)$.

Nous compléterons ces formules en donnant les coefficients de quelques photopoudres.

Photopoudre.	Valeur de k.
Gædicke et Miethe (Mg 1)	3,000
Taylor	3,500
Dida	6,000
Phœbusine	3,500

Poudre Brichaut. — Ces expériences venaient d'être terminées quand M. Brichaut nous a envoyé un échantillon de sa poudre, nous priant de l'essayer : les résultats ont été très remarquables et peuvent se résumer ainsi :

Vitesse totale	0^s,13
Vitesse utile	0^s,07
Valeur en L.M.S. (charge 0,50)	6.900
Valeur de k	8.000

Cette poudre a un très bon rendement ; la fumée un peu blanche se développe rapidement et n'est pas nocive.

Troisième série d'expériences :

PORTÉE DES POUDRES AU MAGNÉSIUM.

Dispositifs employés. — M. Londe a fait, à l'Hippodrome, une suite d'expériences très intéressantes, pour déterminer la portée du photopoudre Dida, qu'il emploie journellement. Le dispositif de l'expérience était le suivant : Sur la grande piste de l'Hippodrome avaient été disposées de grandes mires circulaires espacées de 10^m en 10^m. En arrière et en dessus de l'appareil était le support où le photopoudre était brûlé, en augmentant chaque fois la charge. A 10^{m} de l'appareil, était dressée une autre petite chambre destinée à photographier l'éclair, et de l'autre côté de la mire, placée en ce point, était disposé un groupe de machinistes dont l'image plus ou moins définie et complète devait donner d'utiles indications sur la valeur éclairante de la charge employée. Il est à noter qu'opérant dans de vastes espaces, il n'y avait pas à compter sur la diffusion de la lumière, tout au plus le sol de sable jaune pouvait réfléchir un peu de lumière sur le groupe.

Un autre appareil photographiait suivant une ligne oblique pour déterminer la portée latérale de l'éclair.

La longueur suivant l'axe était de 115^{m} et, dans l'oblique, de 40^{m}.

Résultats obtenus. — Ceci posé, nous allons analyser les clichés qui nous ont été remis obligeamment par M. Londe.

PREMIÈRE EXPÉRIENCE, 2^{gr} de photopoudre.

Dans l'axe. La mire à 10^{m} est à peine éclairée, on n'obtient qu'une silhouette très incomplète de l'appareil de gauche et du groupe; les fonds sont absolument invisibles, le cliché est voilé par manque d'exposition; cependant les mires de 20^{m} et 30^{m} ont donné une légère image.

Dans l'oblique. La mire de 10^{m} est un peu plus éclairée, on a quelques détails dans les fonds, les mires de 20^{m} et 30^{m} sont indiquées, celle de 40^{m} est juste visible.

DEUXIÈME EXPÉRIENCE, 4^{gr} de photopoudre.

Dans l'axe. Les mires de 10^{m} et 20^{m} sont nettes, celle de 30^{m} est encore éclairée, mais celles de 40^{m}, 50^{m} et 60^{m} diminuent de plus en plus d'intensité. Les silhouettages de l'appareil et du groupe sont plus complets, mais insuffisants; quelques linéaments indiquent les fonds.

Dans l'oblique, nous n'avons pas de cliché.

TROISIÈME EXPÉRIENCE, 16^{gr} de photopoudre.

Dans l'axe. Les mires de 10^{m}, 20^{m} et 30^{m} ont une opacité suffisante, toutes les autres mires jusqu'à 80^{m} sont visibles, mais en décroissant d'intensité; l'appareil et le groupe sont mieux indiqués mais manquent encore de détails dans les grandes ombres; cependant les vêtements clairs sont bien marqués et plus détaillés, les fonds de l'Hippodrome sont indiqués au complet, mais d'une façon très légère.

Dans l'oblique. Les trois premières mires sont très nettes et d'une opacité suffisante. La quatrième (40^m) est nette, mais bien moins opaque. Les fonds, plus rapprochés ici, sont mieux marqués et un pilier situé à environ 25^m est très détaillé.

QUATRIÈME EXPÉRIENCE, 32^{gr} de photopoudre.

Dans l'axe. Les mires ont à peu près la même intensité que dans l'expérience précédente, cependant on distingue très affaiblie l'image de la mire n° 9 (50^m). Les fonds sont un peu plus détaillés, le groupe a un peu gagné en intensité, mais non pas dans le rapport des charges ($\frac{1}{2}$).

Dans l'oblique. Nous faisons les mêmes observations; les fonds sont un peu plus distincts, mais le pilier placé à 25^m n'a gagné ni en intensité ni en détails.

Conclusions. — De cette série d'expériences extrêmement intéressantes nous tirons les conclusions suivantes :

En plein air, on est obligé d'employer de grosses charges, puisqu'on ne peut compter sur des effets de diffusion ou de réflexion et que la lumière se perd dans l'espace.

La portée ne croît pas en raison directe de la charge, et les très grosses charges ne donnent pas un effet d'une supériorité bien marquée. La charge de 16^{gr} paraît très acceptable; en la doublant, on n'obtient pas un gain suffisant pour justifier l'accroissement de charge.

Quant à la portée utile, c'est-à-dire capable de donner une image suffisamment dense, elle ne paraît pas dépasser 35^m à 40^m au maximum.

Enfin, la lumière, ce qui était à prévoir, se propage suivant une sphère : il y a donc intérêt à récupérer les rayons émis par l'hémisphère arrière, en employant un réflecteur. Dans nos expériences, il nous a été permis de reconnaître que la présence du réflecteur hémicylindrique, que nous avons décrit, augmentait le pouvoir lumineux d'environ 60 à 70 pour 100.

Très instructive aussi est l'étude des diverses flammes données par ces charges croissant de plus en plus. Dans les clichés que nous avons entre les mains, elles sont réduites dans un rapport qui nous est inconnu, mais toujours le même, puisque l'image du pied qui soutient la charge a toujours la même grandeur dans les divers clichés; il nous est donc permis de les comparer entre elles, non en valeur absolue, ce qui est inutile, mais en valeur relative, ce qui nous suffit; or, en mesurant la hauteur et la largeur maxima des flammes et en déduisant l'aire approchée, nous trouvons :

Charges.	Hauteur.	Largeur.	Surface.	Aire proportionnelle.
2gr............	7mm	10mm	70	70
4	11	13	143	140
16	22	18	396	560
32	32	20	640	1120

Si l'on compare la surface approchée de la surface qu'on aurait eue si les flammes variaient entre elles comme les charges, ce que nous avons appelé aire proportionnelle, on voit combien les résultats d'expériences sont loin des résultats hypothétiques; c'est du reste ce que nous avions trouvé dans nos essais.

Il résulte enfin de ces expériences que la charge unique de photopoudre possède un maximum de pouvoir éclairant après lequel tout accroissement de charge ne donne plus un gain appréciable; ce maximum nous paraît être 16^{gr}; si l'on veut augmenter le pouvoir éclairant, il y aura lieu de se servir de plusieurs charges. Ces résultats sont en concordance avec les conclusions du Chapitre précédent.

Quatrième série d'expériences :

INFLUENCE DU FRACTIONNEMENT DE LA CHARGE.

But des expériences. — Il s'agissait de se rendre compte si un poids donné d'un photopoudre quelconque offrait le même rendement lumineux quand il était brûlé en une seule ou en plusieurs charges.

Dispositifs employés. — On a employé les dispositifs ordinaires; mais les charges ont dû être brûlées sans réflecteur; les cartouches étaient séparées d'au moins 50^{cm} pour empêcher les gerbes de se pénétrer. La grande difficulté a été d'obtenir la déflagration simultanée des cartouches, cependant on est arrivé à les faire brûler avec des retards assez courts pour que ceux-ci n'influent pas sur le résultat.

Résultats et conclusions. — Des diverses expériences faites avec un poids donné de photopoudre, brûlant soit en une seule charge, soit en deux charges allumées simultanément, nous avons conclu qu'il y avait, jusqu'à 8^{gr} compris, augmentation notoire du pouvoir lumineux, lorsque le photopoudre était brûlé en deux charges; le rapport est assez fort, il est presque égal à 2. Ainsi 1^{gr} de photopoudre nous donne 3456 L.M.S.; le même poids, brûlé en deux charges de $0^{gr},50$, nous a donné 7632 L.M.S., soit un rapport de $\frac{1}{2,2}$; il est vrai que la première charge a brûlé avec une vitesse totale de 0,06 et la charge double en deux coups de 0,06 séparés par un intervalle de 0,02. La pose a été pour ainsi dire doublée.

Il en est de même avec une charge de 2^{gr} et deux charges de 1^{gr}. Le rapport a été de $\frac{1}{2,04}$; la première a brûlé en $0^{s},07$, la double charge en $0^{s},10$.

Une charge de 8^{gr} et deux charges de 4^{gr} nous ont donné un rapport de $\frac{1}{2,5}$, les durées ont été respectivement de $0^{s},07$ et $0^{s},11$.

Nous avons poussé jusqu'à 16^{gr}; pour la charge unique, la vitesse a été de $0^{s},08$; pour la double charge de 8^{gr} la vitesse a été de $0^{s},13$; les deux charges nous ont donné à peu de chose près la même intensité.

Mais si l'on compare le résultat obtenu avec deux charges de 8^{gr} et une seule charge de 8^{gr}, le rapport est d'environ 3,7 au lieu de 2 : il y a donc avantage à fractionner les charges, et deux charges d'un poids donné sembleraient fournir un rendement plus grand que le double du rendement théorique; mais il y a lieu, pour expliquer cette différence, de faire entrer en ligne de compte la durée de la pose plus grande avec les deux charges qui ne peuvent pratiquement brûler simultanément.

Des expériences ont été tentées pour savoir s'il y avait intérêt à fractionner davantage la charge, mais la difficulté de faire partir à la fois les cartouches n'a pas permis d'obtenir des résultats bien concluants.

CHAPITRE II.

LES PHOTOPOUDRES A L'ALUMINIUM.

SOMMAIRE : But des expériences. — Dispositifs employés. — Résultats obtenus. — Vitesse de rendement. — Essai d'une poudre au chlorate. — Conclusions.

But des expériences. — Il s'agissait de rechercher la valeur propre des photopoudres à l'aluminium, de déterminer leur mode de combustion, leur valeur propre et leur valeur relative par rapport au magnésium.

Les études n'ont porté que sur les trois photopoudres indiqués par M. Villon et dont nous rappelons ici la composition centésimale.

COMPOSITION.	Al 1	Al 2	Al 3
Aluminium en poudre..............	26,7	22,8	25,0
Chlorate de potasse.....	66,7	56,7	62,5
Nitrate de potasse..................	»	11,5	»
Sulfure d'antimoine	»	9	»
Sucre..............	6,6	»	5,0
Cyanoferrure jaune....	»	»	7,5

Dispositifs employés. — Les dispositifs employés sont les mêmes que précédemment; les flammes ont été photographiées avec une réduction du $\frac{1}{10}$; les valeurs actiniques et les vitesses de combustion ont été fournies par l'appareil Houdaille. Nous allons examiner successivement les divers résultats obtenus.

Résultats obtenus. — 1° *Étude des gerbes.* Le mode de combustion de l'aluminium est tout à fait caractéristique; bien que nous ayions employé pour la préparation des photopoudres du métal très pur et que les divers composants aient été soigneusement mélangés au tamis, au lieu d'obtenir une gerbe en boule comme avec le magnésium, nous avons eu une première gerbe très étroite avec des traînées inférieures, indiquant que la poudre brûlant lentement tombait enflammée en fusant. Ce résultat avait été déjà observé par M. Londe, et, parmi les clichés qu'il

Fig. 18.

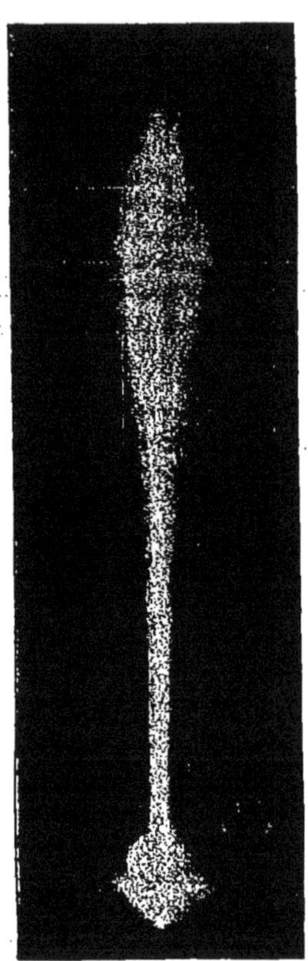

Aspect de la flamme produite par Al3.

nous a remis, il s'en trouve deux dont l'aspect est identique à celui que nous avons obtenu nous-mêmes et dont nous donnons ici une reproduction (*fig.* 18). Nous avons choisi le cliché du photopoudre Al3 dans lequel la traînée est tout à fait caractéristique.

Les trois photopoudres ont donné lieu, au point de vue des gerbes, aux observations suivantes :

Al 1. — Une gerbe d'environ 30^{cm} de haut sur 20^{cm} à 22^{cm} de largeur avec deux traînées caractéristiques, l'une de 60^{cm} de long, large de 3^{cm} à 4^{cm} à la base et se terminant en pointe, l'autre dans les mêmes conditions, mais n'ayant que 38^{cm} de long. Sur tout le pourtour de la gerbe et le long des traînées, on observe de petits filaments de 6^{cm} à 8^{cm} de long, produits par des grains de métal en combustion projetés hors de la masse. Plus loin, ces effets nous seront expliqués par la longueur de combustion, qui n'est pas moindre de 0^{s},12, soit $\frac{1}{8}$ de seconde. La fumée est épaisse, abondante et, formant écran, renvoie la lumière de haut en bas.

Al 2. — Ce photopoudre brûle mieux que le précédent; la gerbe, assez irrégulière du reste, a 30^{cm} de plus grande hauteur et 27^{cm} de plus grande largeur; elle donne naissance à une traînée de 28^{cm} de largeur et est hérissée de tous côtés de longs filaments de métal en combustion, filaments qui atteignent jusqu'à 26^{cm} de long. Le temps de combustion est plus allongé que le précédent; il est de 0^{s},22 ou $\frac{1}{5}$ de seconde.

Al 3. — Ce photopoudre brûle très mal, la gerbe a la forme d'une traînée de 1^{m} qui aurait été plus longue encore si elle n'était venue s'écraser sur la glace. Cette traînée a 10^{cm} à sa plus grande largeur et 3^{cm} en son point le plus étroit; ce photopoudre a du reste accusé une vitesse de 0^{s},15, soit $\frac{1}{6}$ de seconde.

Dans tous les cas on a observé une fumée blanche, épaisse, se dissipant lentement.

Vitesse et rendement. — Ces photopoudres, étudiés avec l'appareil Houdaille, ont donné les résultats résumés dans le Tableau ci-dessous.

	Al 1.	Al 2.	Al 3.
Charge	0,50	0,50	0,50
Poids net d'aluminium	0,133	0,114	0,125
Vitesse totale	0,14	0,20	0,18
Vitesse utile	0,04	0,04	0,03
Valeur en L.M.S	3260	3920	2220
Valeur par gramme d'aluminium	24400	34000	17760

Il ressort de l'examen de ce Tableau que :

1° La poudre Al 2, est la meilleure; du reste, l'étude de la gerbe nous l'avait fait prévoir. Comparée à la poudre Mg5, elle lui est inférieure de moitié, mais elle vaut la plupart des autres photopoudres au magnésium au point de vue de l'intensité, non à celui de la vitesse, car elle est lente, et sa durée de combustion utile est courte par rapport au temps total, environ 4 à 1.

2° Vient ensuite la poudre Al 1 qui a une bonne intensité et une vitesse acceptable, mais la gerbe qu'elle fournit n'est pas propre à la conseiller.

3° La poudre Al 3 n'est acceptable à aucun point de vue.

Essai d'une poudre au chlorate. — Les essais faits avec les poudres au magnésium nous ayant démontré que les poudres simples (métal et chlorate de potasse) avaient le meilleur rendement, nous avons essayé une poudre du même genre avec l'aluminium.

Ce métal exigeant beaucoup plus d'oxygène pour sa combustion que le magnésium, nous avons ainsi formulé la poudre :

Aluminium en poudre..........................	40
Chlorate de potasse..........................	60

Brûlé dans les mêmes conditions que les précédents photopoudres, il a donné :

Vitesse totale..............................	0s,20
Vitesse utile...............................	0 ,05

Il est à remarquer que la vitesse utile s'est produite pendant les cinq premiers centièmes de seconde : la poudre a donc dû brûler avec rapidité, et la durée de combustion enregistrée ensuite nous indique la durée de la traînée, beaucoup moins actinique.

La valeur du photopoudre en L.M.S. est d'environ 3600. Cette poudre vient donc après Al 2 ; il est ainsi démontré que la présence du sulfure d'antimoine en élevant la température assure mieux la combustion.

Conclusions. — Les photopoudres à l'aluminium sont inférieurs aux bons photopoudres au magnésium et tout au plus égaux aux photopoudres moyens.

CHAPITRE III.

LES LAMPES A LA POUDRE DE MAGNÉSIUM PURE.

SOMMAIRE : *Première série d'expériences : influence de la grosseur du magnésium et de la valeur de l'impulsion de l'air.* — But des expériences. — Dispositif employé. — Volume de l'air employé. — Pression de l'air. — Pouvoir éclairant. — Conclusions. — *Remarques générales sur la construction des lampes à poudre de magnésium.* — De la grosseur et de la forme du tube. — De la pression et du volume d'air à employer. — De la durée de combustion. — *Deuxième série d'expériences : comparaison entre le pouvoir éclairant de la poudre pure et des photopoudres.* — But des expériences. — Expériences. — Photopoudres dans les lampes. — Conclusions. — *Troisième série d'expériences : rapport de l'intensité lumineuse au poids de poudre brûlé.* — But des expériences. — Résultats.

Première série d'expériences :

INFLUENCE DE LA GROSSEUR DU MAGNÉSIUM ET DE LA VALEUR DE L'IMPULSION DE L'AIR.

But des expériences. — Cette première série d'expériences avait un double but : s'assurer de l'influence de la grosseur du grain de la poudre de magnésium sur le rendement des lampes, et rechercher quelle vitesse d'impulsion est la meilleure.

Dispositif employé. — Pour mesurer la pression de l'air, par suite sa vitesse, nous avons établi l'appareil suivant : un flacon de Wolf à trois tubulures, d'environ 1^{lit} de capacité, est muni sur ses tubulures latérales de deux tubes coudés à angle droit. L'un des tubes communique avec une poire en caoutchouc à valve d'aspiration et ballon de compression ; sur le tube de caoutchouc, qui rejoint la poire au flacon, est interposé un robinet ; cet appareillage sert à comprimer l'air dans le flacon.

Le second tube coudé communique avec la lampe en essai, et une pince de Möhr, placée sur le tube en caoutchouc, sert à fermer le passage de l'air : il suffit de presser sur les branches de la pince pour que l'air se précipite dans la lampe.

Pour mesurer la pression de l'air, la tubulure centrale est munie d'un tube de 8^{mm} de diamètre intérieur, qui descend jusque près du fond du flacon et se prolonge au dehors d'environ 70^{cm}. Le flacon contient une certaine quantité d'eau colorée en violet avec un peu d'aniline; le niveau de cette eau est soigneusement repéré au dehors par une bandelette de papier collée sur la paroi du flacon. Derrière le tube est une planchette

Fig. 19.

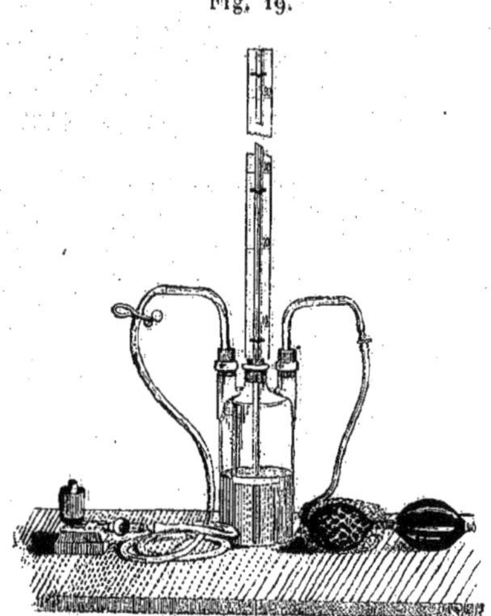

Appareil pour la mesure de la pression.

étroite graduée de 10^{cm} en 10^{cm}, le zéro de cette graduation est au niveau de l'eau. La pince de Möhr étant fermée, si l'on insuffle de l'air dans le flacon, l'eau est repoussée dans le tube, et la hauteur de la colonne d'eau donne la pression de l'air en centimètres d'eau. Il aurait été facile, étant donnés les calibres des tubes et le temps de décompression, de mesurer la vitesse d'écoulement de l'air à sa sortie, mais il nous a paru plus simple de ne tenir compte que de la pression; toutes les autres conditions restant égales, celle-ci est le principal facteur de la vitesse. Nous nous contenterons donc, dans nos expériences, d'exprimer la vitesse de l'air par la hauteur de la colonne d'eau.

Volume de l'air employé. — Une première série d'essais nous a montré que le volume d'air envoyé par la plupart des poires en caoutchouc était d'environ 30^{cc} à 40^{cc}. Ce volume d'air est d'ordinaire suffisant pour chasser la charge de poudre lorsqu'elle ne dépasse pas 1^{gr} à 1^{gr},5 ; nous avons reconnu que, si l'on emploie un plus grand volume d'air, c'est en pure perte, car l'air, faisant piston, chasse devant lui le magnésium, et la combustion de ce dernier est déjà terminée quand passent les dernières parties de l'air.

Pression de l'air. — La valeur de la pression de l'air doit varier avec la grosseur du grain employé : la poudre de commerce exige moins de pression ; 50^{cc} à 60^{cc} d'eau suffisent pour assurer la combustion du magnésium. Si l'on augmente la pression, une partie de la charge échappe à la combustion ; si, au contraire, on la diminue, la combustion est très lente, se fait mal et une partie de la charge reste dans le tube.

Le Tableau suivant résume les résultats de diverses expériences faites en ce sens : poids de poudre employée 0^{gr},50.

Effet de la pression de l'air avec du magnésium a gros grain.

PRESSION en centimètres cubes d'eau.	MAGNÉSIUM NON BRULÉ		MAGNÉSIUM brûlé.	VOLUME D'AIR envoyé.	OBSERVATIONS.
	resté dans la lampe.	rejeté sans brûler.			
20	30 p. 100	6 p. 100	64 p. 100	30^{cc}	La lampe fuse, combustion lente.
30	10 »	4 »	86 »	45	La lampe fuse, la combustion est un peu plus vive.
40	8 »	1 »	91 »	60	La lampe brûle mieux.
50	1 »	»	99 »	70	Éclair assez rapide.
60	0 »	6 »	94 »	100	Éclair rapide.
70	»	9 »	91 »	110	Id.
80	»	10 »	90 »	130	Id.
90	»	10 »	90 »	140	Id.

La pression de 50^{cc} d'eau est donc la meilleure.

Si, au contraire, nous employons du magnésium porphyrisé, il y a lieu d'augmenter la pression et de la rendre plus brusque ; le magnésium étant très divisé brûle mieux et plus complètement. Une expérience comparative nous a donné :

EFFET DE LA PRESSION DE L'AIR AVEC DU MAGNÉSIUM FIN.

PRESSION en centimètres cubes d'eau.	MAGNÉSIUM NON BRULÉ.		VOLUME D'AIR employé.	MAGNÉSIUM brûlé.	OBSERVATIONS.
	resté dans le tube.	rejeté sans brûler.			
20	48	0	30	52 p. 100	Tout le magnésium n'est pas brûlé, la lampe fuse.
40	35	0	60	65 »	La lampe fuse.
60	22	0	100	78 »	La lampe brûle mieux.
80	13	0	130	87 »	Éclair plus rapide.
90	1	0	140	99 »	Éclair très vif avec légère explosion.

Pouvoir éclairant. — Il y avait lieu de vérifier la valeur du pouvoir éclairant des deux genres de poudre; à cet effet, nous nous sommes servi d'une lampe composée d'un simple tube coudé de 8^{mm} de diamètre, dont la branche ascendante était entourée de coton hydrophile qu'on imbibait d'alcool. L'autre extrémité communiquait avec l'appareil de pression; cette lampe est représentée dans la *fig.* 19.

On a brûlé dans les deux cas 1^{gr} de poudre, en employant pour le magnésium du commerce la pression de 50^{cc} d'eau et pour la poudre porphyrisée la pression de 90^{cc}; pour avoir le pouvoir éclairant, on photographiait l'appareil Houdaille à voyants colorés.

A notre grande surprise, la poudre porphyrisée a donné des résultats nettement inférieurs à ceux du magnésium gros grains; l'expérience reprise à plusieurs fois a toujours donné des résultats identiques. De plus, il a été constaté que la flamme du magnésium porphyrisé émettait des rayons jaunes; il a été facile de reconnaître qu'elle contenait, en effet, de la soude fournie par la dalle de verre dépolie qui avait servi au broyage, et l'on sait qu'il suffit de très petites quantités de soude pour colorer une flamme en jaune.

D'autre part, en réfléchissant que le magnésium se couvre rapidement à l'air libre d'une mince couche d'oxyde, qui empêche, comme pour le zinc, l'altération plus profonde du métal, et sachant que plus un métal est divisé, plus il s'oxyde rapidement, nous avons été conduit à vérifier la teneur véritable en métal pur que pouvait contenir la poudre porphyrisée.

A cet effet, nous avons employé la méthode suivante : on sait que le magnésium traité par une eau aiguisée par de l'acide sulfurique décompose l'eau et donne, d'une part de l'hydrogène, et de l'autre du sulfate de magnésie.

Il était facile de déterminer théoriquement ce que devait fournir d'hydrogène un poids donné de métal pur : par exemple, $0^{gr},250$ de magnésium pur doivent donner 297^{cc} d'hydrogène à $0°$ et à 760^{mm} de pression. Ceci posé, nous avons pris un même poids ($0^{gr},250$) de poudre porphyrisée et nous l'avons traité par l'eau acidulée; nous avons obtenu 180^{cc} d'hydrogène qui correspondent à $0^{gr},15$ de métal pur, ou, si l'on préfère, il n'y avait plus dans la poudre que 60 pour 100 de métal pur, 40 pour 100 était réduit en oxyde.

L'expérience reprise avec le même poids de magnésium du commerce nous a donné 250^{cc} d'hydrogène correspondant à $0^{gr},21$ de métal pur; ici il y avait 84 pour 100 de métal pur et seulement 16 pour 100 d'oxyde. Là était l'explication du rendement très inférieur trouvé. Or, par une série d'essais, il nous a été démontré que c'était au cours même du broyage à l'alcool que l'oxydation se produisait.

Conclusions. — L'expérience est donc concluante, et, bien que le métal porphyrisé semble brûler mieux et plus complètement, il est franchement inférieur comme rendement lumineux au métal demi-fin du commerce.

Ce rendement nous a paru être diminué de plus de moitié, et l'effet est expliqué non seulement par la teneur moins grande en magnésium pur, mais aussi par la présence de la soude (1).

D'autre part, il convient de relater qu'au cours de nos essais, en constituant des photopoudres avec du magnésium porphyrisé, on a observé des traînées dans le genre de celles que fournit l'aluminium en poudre fine; phénomène qui ne s'est jamais produit avec les poudres demi-fines.

REMARQUES GÉNÉRALES SUR LA CONSTRUCTION DES LAMPES A POUDRE DE MAGNÉSIUM.

Au cours de nos recherches sur le rendement des lampes à poudre de

(1) Eder avait déjà démontré que la puissance graphique était trois fois moindre pour les flammes jaunes et sextuple pour la flamme du magnésium pur. — Cf. un article de A. Buguet paru dans *Photo-Journal* sur *Les constantes des sources lumineuses*.

magnésium, nous avons été appelé à faire plusieurs observations que nous résumerons ici.

De la grosseur et de la forme du tube. — La grosseur du tube dans lequel est disposée la charge a une certaine influence sur le rendement de la lampe : il doit être, en effet, proportionné à la charge employée. Celle-ci doit remplir le calibre du tube sur une certaine hauteur et former en quelque sorte piston pour que l'air puisse bien la chasser. Si, en effet, le tube est de trop fort calibre, l'air ne chasse qu'une partie de la poudre et une plus ou moins forte proportion de celle-ci reste dans le tube; le rendement calculé ne peut être ainsi atteint.

Si, au contraire, la charge occupe dans le tube une trop forte hauteur, les parties supérieures sont poussées en avant avec moins de vitesse que les dernières et se déversent sur les côtés du tube, se collant sur la mèche sans profit.

Cet effet est encore plus marqué si l'on emploie un tube allant en s'évasant; la poussée au centre de la masse est plus forte et les particules en contact avec les parois perdent de leur vitesse, par frottement sur ces parois, et ne sont pas lancées dans la partie la plus chaude de la flamme. On doit donc pour cette raison proscrire les lampes à entonnoir central, qui n'ont un bon rendement que lorsqu'il s'agit de faibles charges.

Tant que le tube est de faible section, le calibre de l'entrée devra être égal au calibre général; quand, pour de fortes charges, on emploiera un tube de fort diamètre (de 8^{cm} à 12^{cm}), il sera bon de retrécir légèrement l'entrée du tube.

Nous ferons, du reste, remarquer que M. Vallot était arrivé à des conclusions de même ordre dans son étude sur la Photographie des grottes et cavernes.

De la pression et du volume d'air à employer. — Le volume d'air et sa pression dépendent évidemment de la grosseur du tube et du poids de la charge. Il est difficile d'établir des règles pratiques pour un appareil aussi sujet à variations que la poire en caoutchouc. Nous ne pouvons donner que des indications générales qui sont les suivantes :

Préférer les poires en caoutchouc un peu fortes, quitte à n'employer qu'une partie du volume d'air qu'elles renferment. Se servir de préférence de poires à soupape d'aspiration avec ballon de caoutchouc; on évite par ce moyen les retours de flamme par aspiration, lorsqu'on cesse la pression sur la poire en caoutchouc. Ce dernier accident détermine une condensation de l'alcool sur les parois intérieures du tube, et, lorsqu'on charge de nouveau la lampe, une partie de la poudre reste collée dans le tube et échappe à la combustion.

A ce propos, nous recommanderons de ne faire jamais servir une poire en caoutchouc destinée aux lampes pour actionner un obturateur : la poire contient toujours des particules de magnésium, qui pourraient, en pénétrant dans le mécanisme de l'obturateur, en gêner le fonctionnement.

La pression sur la poire doit toujours être donnée brusquement, lorsqu'on veut obtenir un éclair; une pression modérée fait fuser la flamme et lui donne une durée assez considérable pour permettre au sujet de bouger.

Inversement, avec les lampes à jet continu on devra donner une pression faible et régulière.

De la durée de combustion. — La durée de combustion des lampes à charge dépend évidemment de la vitesse de propulsion de l'air; elle est toujours assez considérable si on la compare à la durée de combustion des photopoudres. Dans nos expériences elle a varié de $0^s,75$ à $1^s,25$, soit de $\frac{3}{4}$ à $\frac{5}{4}$ de seconde.

La durée de combustion est évidemment en rapport avec le poids de la charge; les grosses charges ont une durée de combustion bien plus grande que les faibles. Ces résultats, évidents *a priori*, avaient été déjà mis en évidence par Eder et A. Buguet.

Deuxième série d'expériences:

COMPARAISON ENTRE LE POUVOIR ÉCLAIRANT DE LA POUDRE PURE ET DES PHOTOPOUDRES.

But des expériences. — Eder avait trouvé que la poudre pure de magnésium a un pouvoir éclairant de beaucoup supérieur aux photopoudres; il avait donné comme valeur au premier 100000 rads, au second 4500 rads, soit un rapport de 2,2. Il s'agissait, avec nos méthodes, de vérifier ces chiffres.

Expériences. — A cet effet, nous nous sommes servi de nos dispositifs habituels : 1^{gr} de poudre de magnésium du commerce a été brûlé dans une lampe tube, et 1^{gr} de photopoudre Mg1 dans une cartouche de papier du Bengale. Nous avons trouvé pour le premier 10288 L.M.S., pour le second 3666; rapport 2,8, ce qui serait même un peu en dessous du chiffre donné par Eder, puisque, en attribuant à la poudre 100000 rads, nous obtiendrons pour le photopoudre environ 36000 rads.

Dans cette expérience, nous avons pris même poids de poudre pure et de photopoudre; or ce dernier ne contenait que 31 pour 100 de magnésium. En rapportant les chiffres trouvés ci-dessus au même poids du magnésium, soit 100 pour le premier, et 31 pour le second, nous voyons que la poudre pure donne 103 L.M.S. par centigramme, le second 118. En tenant compte pour ces deux chiffres des erreurs d'expériences, on serait amené à dire qu'à poids égal de magnésium les deux systèmes se valent; mais, en reprenant les chiffres donnés dans les expériences précédentes, il en ressort que la lampe à poudre à égalité de poids de magnésium a une supériorité très nette sur les photopoudres au point de vue éclairant, et ce résultat s'explique par les pertes de chaleur dues aux combinaisons des divers corps lors de la déflagration des photopoudres.

Photopoudres dans les lampes. — Lorsqu'on fait usage de lampes à tube un peu fort, on peut impunément s'en servir pour brûler les photopoudres; en conséquence, dans la lampe qui nous avait servi pour les expériences ci-dessus, nous avons essayé de brûler 1^{gr} de photopoudre Mg1, et nous avons constaté que le pouvoir éclairant était précisément égal à celui du même poids de ce photopoudre brûlé en cartouche.

Conclusions. — Des diverses expériences que nous avons faites sur les lampes à poudre pure, il ressort donc que :

1° La durée de combustion est infiniment plus longue que celle des photopoudres;

2° Le pouvoir éclairant est supérieur au pouvoir éclairant des photopoudres.

Conclusions, du reste, qui ne font que confirmer les expériences faites par de précédents expérimentateurs.

Troisième série d'expériences :

RAPPORT DE L'INTENSITÉ LUMINEUSE AU POIDS DE PHOTOPOUDRE BRULÉ.

But des expériences. — Il s'agissait de reprendre, pour la poudre pure, les expériences faites avec les photopoudres et déduire la loi d'accroissement de lumière avec la charge.

Le problème ici était plus difficile à résoudre : d'abord il n'est pas possible avec les lampes de brûler en *une seule fois* de grandes quantités de magnésium; on n'arrive guère à mettre plus de $3^{gr},5$ dans une lampe à fort tube. Nous devions laisser de côté les lampes à jet continu, puisque celles-ci ont une durée d'action assez longue au cours de laquelle les quantités de magnésium brûlé par unité de temps changent continuellement avec le plus ou moins de pression de l'air et la facilité d'écoulement de la poudre.

Résultats. — Des diverses expériences tentées dans ce but, il nous paraît ressortir que la lumière croît proportionnellement au poids de la charge, mais, par suite des pertes continues (poudre restée dans le tube, résidu non brûlé) et surtout de leur variabilité, il n'a pas été possible d'établir la loi d'une façon assez précise pour pouvoir la formuler.

FIN.

TABLE DES MATIÈRES.

PREMIÈRE PARTIE :

Étude générale sur les lumières artificielles.

SECONDE PARTIE :

Recherches théoriques et pratiques sur les lumières au magnésium et à l'aluminium.

Pages.

PLANCHES.

FIN DE LA TABLE DES MATIÈRES.

4260 Paris. — Imp. Gauthier-Villars et fils, 55, quai des Grands-Augustins

FOURTIER (H.). — **Dictionnaire pratique de Chimie photographique**, contenant une *Étude méthodique des divers corps usités en Photographie*, précédé de *Notions usuelles de Chimie* et suivi d'une *Description détaillée des manipulations photographiques*. Grand in-8, avec figures; 1892 . . . . 8 fr.

L'Auteur, écartant avec soin toute théorie scientifique, s'est attaché exclusivement au côté pratique, de manière à faire de ce Dictionnaire un véritable *outil de travail*, donnant la valeur, le mode d'emploi rationnel et les propriétés spéciales des corps employés. Présentée sous une forme brève, concise et surtout avec une méthode rigoureuse, l'étude des divers corps est beaucoup facilitée et la recherche des renseignements utiles rapidement faite.

Des indications précises sur l'analyse pratique et les manipulations de laboratoire, ainsi que des tables de réaction, complètent le Dictionnaire et résument les notions de Chimie indispensables à l'amateur et au professionnel.

FOURTIER (H.). — **Les Positifs sur verre.** THÉORIE ET PRATIQUE. *Les positifs pour projections. Stéréoscopes et vitraux. Méthodes opératoires. Coloriage et montage.* Grand in-8, avec figures; 1892 . . . . 4 fr. 50 c.

Sans parler des portraits sur glace transparente, si doux de modelé, et des jolis vitraux qu'il permet d'obtenir, l'usage des positifs sur verre se généralise de plus en plus grâce à la lanterne de projection. Elle nécessite, en effet, l'emploi de tableaux d'une exactitude parfaite, plus fins et plus brillants que les épreuves sur papier, plus aptes à supporter le grossissement des lentilles, bref, remplissant un ensemble de *desiderata* auxquels peuvent seules répondre les épreuves stéréoscopiques.

Ces épreuves, le livre de M. Fourtier, *Les Positifs sur verre*, enseigne comment on peut les obtenir; abondant en tours de main usuels, en renseignements précis, il indique les écueils à éviter, les remèdes aux accidents survenus; en un mot, tout en exposant la théorie de chaque procédé, c'est surtout le côté pratique qu'il fait prédominer.

FOURTIER (H.), BOURGEOIS et BUCQUET. — **Le formulaire classeur du Photo-club de Paris.** Collection de formules sur fiches, renfermées dans un élégant cartonnage et classées en trois Parties : *Phototypes, Photocopies et Photocalques, Notes et renseignements divers*, divisées chacune en plusieurs Sections.

Première Série; 1892 . . . . 4 fr.
Deuxième Série; 1894 . . . . 3 fr. 50 c.

FOURTIER (H.). — **La pratique des projections.** *Étude méthodique des appareils. Les accessoires. Usages et applications diverses des projections. Conduite des séances.* 2 volumes in-18 jésus, se vendant séparément.

I : *Les appareils*, avec 66 figures; 1892 . . . . 2 fr. 75 c.
II : *Les accessoires. La séance de projections*, avec 67 figures; 1893 . . . . 2 fr. 75 c.

FOURTIER (H.) et MOLTENI (A.). — **Les projections scientifiques.** *Étude des appareils, accessoires et manipulations diverses pour l'enseignement scientifique par les projections.* In-18 jésus de 300 pages, avec 113 figures; 1894.

Broché . . . . 3 fr. 50 | Cartonné . . . . 4 fr. 50

FOURTIER (H.). — **Les tableaux de projections mouvementés.** *Études des tableaux mouvementés; leur confection par les méthodes photographiques. Montage des mécanismes.* In-18 j., avec fig.; 1893. 2 fr. 25 c.

21547 Paris. — Imprimerie GAUTHIER-VILLARS ET FILS, quai des Grands-Augustins, 55.

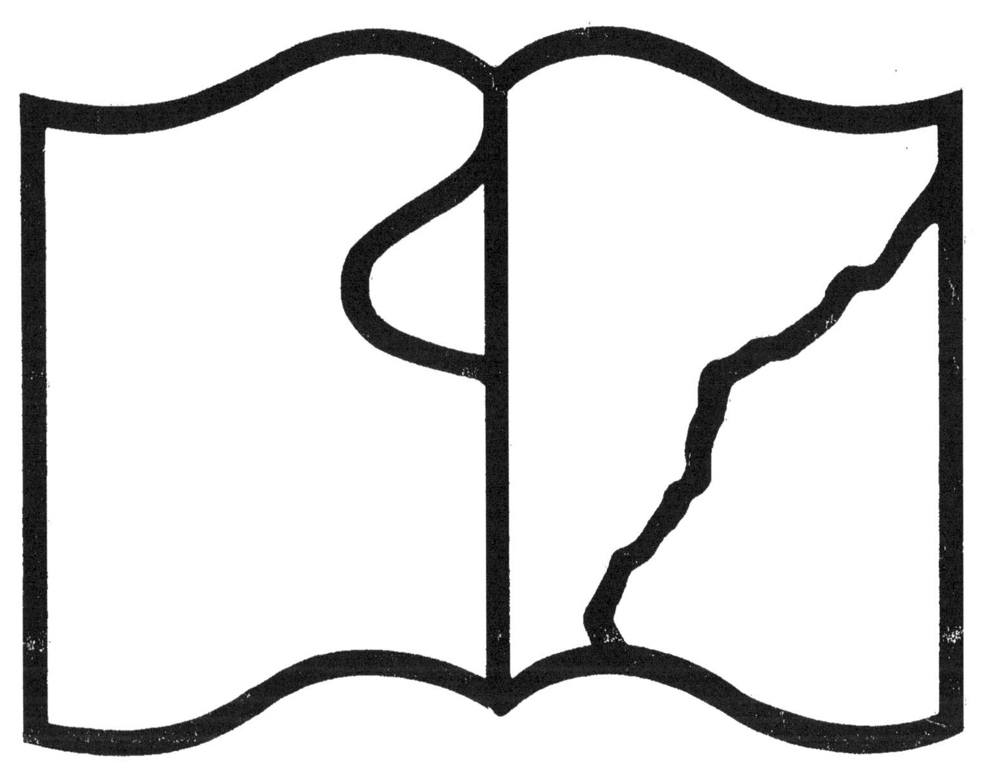

Texte détérioré — reliure défectueuse

NF Z 43-120-11

Contraste insuffisant

NF Z 43-120-14

www.ingramcontent.com/pod-product-compliance
Ingram Content Group UK Ltd.
Pitfield, Milton Keynes, MK11 3LW, UK
UKHW020326230726
13925UKWH00002B/650